职业教育规划教材

工业机器人

应用编程

胡月霞　向艳芳　主　编

刘小斐　张丽娟　李雨田　副主编

化学工业出版社

·北京·

内 容 简 介

《工业机器人应用编程》以华中数控工业机器人为载体，按照项目任务形式编写，包括工业机器人认知、工业机器人写字绘图、工业机器人搬运物料、工业机器人码垛、工业机器人关节装配、工业机器人喷涂、工业机器人上下料 7 个项目。书中大量使用图片、表格形式，将各个知识点展示出来，便于学生认知，并且设置了具体的工作任务，引导学生参与到实践的过程中掌握基本技能。为方便教学，配套电子课件。

本书可供职业院校作为相关专业教材使用，也可作为职工培训教材，同时还可以作为工业机器人应用编程技能等级证书培训教材。

图书在版编目（CIP）数据

工业机器人应用编程/胡月霞，向艳芳主编. —北京：化学工业出版社，2021.3（2023.3 重印）
职业教育规划教材
ISBN 978-7-122-38353-2

Ⅰ.①工… Ⅱ.①胡… ②向… Ⅲ.①工业机器人-程序设计-职业教育-教材 Ⅳ.①TP242.2

中国版本图书馆 CIP 数据核字（2021）第 017585 号

责任编辑：韩庆利   文字编辑：宋 旋 陈小滔
责任校对：王 静   装帧设计：刘丽华

出版发行：化学工业出版社（北京市东城区青年湖南街 13 号 邮政编码 100011）
印 装：北京科印技术咨询服务有限公司数码印刷分部
787mm×1092mm 1/16 印张 10¾ 字数 244 千字 2023 年 3 月北京第 1 版第 2 次印刷

购书咨询：010-64518888   售后服务：010-64518899
网 址：http://www.cip.com.cn

凡购买本书，如有缺损质量问题，本社销售中心负责调换。

定 价：32.00 元

前　言

　　本书以高等职业院校培养应用型高技能人才的目标为宗旨，由学校、企业、行业专家组成教材编写组合作开发。选取的知识点为专业人才调研中工业机器人应用编程典型工作任务所要求的知识与技能，结合"1+X"工业机器人应用编程技能等级证书中初级考核大纲，本着"工学结合、项目引导、任务驱动、教学做一体化"的原则编写。本书参照最新行业标准，参考有关工业机器人的最新资料和信息，以华中数控三型工业机器人为载体，分为若干任务进行学习和探索，重视职业技能训练和职业能力培养，突出职业技术教育特色。同时吸收和借鉴了各地职业院校教学改革的成功经验，采用了理论知识和技能训练一体化的模式，使内容更加符合学生的认知规律。在叙述上力求图文并茂，通俗易懂，简明扼要，大量使用图片、实物照片或表格形式，将各个知识点生动地展示出来，力求给学生营造更直观的认知环境。典型任务以工业生产的实际应用案例为主，同时参照工业机器人应用编程技能等级考核平台所要求实现的编程任务，使得学生在使用本书的过程中能够达到工业机器人应用编程中级技能等级要求，并配套有技能等级考试的理论试题供参考学习。

　　本书为校企合作、书证融通教材，可供职业院校作为相关专业教材以及职工培训教材使用，同时也可以作为工业机器人应用编程技能等级证书培训教材。

　　本书由包头轻工职业技术学院胡月霞、湖南工业职业技术学院向艳芳主编，鄂尔多斯职业学院刘小斐、包头轻工职业技术学院张丽娟和李雨田副主编，华中科技大学刘怀兰教授和武汉高德信息产业有限公司金磊主审。具体的编写分工如下：项目1由张丽娟、李雨田编写；项目2、项目3由胡月霞编写；项目4、项目5由向艳芳编写；项目6、项目7由刘小斐编写；参与教材资料整理和书中实施评价编写的还有包头轻工职业技术学院周彦云、刘百顺、郭浩、贾大伟、李学飞。

　　在本书编写过程中，得到武汉华中数控股份有限公司、武汉高德信息产业有限公司等企业工程技术人员的大力支持并提供大量宝贵资料，在此深表谢意。

　　由于编者水平有限，书中难免有疏漏与不妥之处，恳请读者谅解并提出宝贵建议。

编　者

目 录

项目1 工业机器人认知

任务 1.1 工业机器人的整体设备认知 ……………………………… 2
1.1.1 工业机器人的分类及应用 ……………………………… 2
1.1.2 工业机器人的组成及工作原理 …………………………… 5
1.1.3 工业机器人的规格参数及安全操作区域 ………………… 7
1.1.4 工业机器人的控制柜的操作面板 ………………………… 9
实施评价 ……………………………………………………………… 11
任务 1.2 工业机器人的安全规范 …………………………………… 12
1.2.1 工业机器人的安全防护装置 ……………………………… 12
1.2.2 工业机器人的运行方式安全提示 ………………………… 13
1.2.3 工业机器人的安全停止类型 ……………………………… 13
1.2.4 工业机器人的使用注意事项 ……………………………… 14
实施评价 ……………………………………………………………… 16
任务 1.3 手动运行工业机器人 ……………………………………… 17
1.3.1 工业机器人的坐标系种类及应用 ………………………… 17
1.3.2 示教器的基本功能与操作 ………………………………… 17
1.3.3 工业机器人的基本操作 …………………………………… 23
1.3.4 工业机器人的点位示教及保存 …………………………… 26
1.3.5 工业机器人的零点校准 …………………………………… 29
1.3.6 系统通气、通电检测试运行 ……………………………… 30
实施评价 ……………………………………………………………… 32
理论习题 ……………………………………………………………… 33

项目2 工业机器人写字绘图

任务 2.1 新建、编辑和加载程序 …………………………………… 35
2.1.1 程序的基本信息 …………………………………………… 35
2.1.2 程序的编辑、修改 ………………………………………… 36

2.1.3　程序的检查与运行 ……………………………………………… 39

实施评价 …………………………………………………………………… 42

任务2.2　指令应用………………………………………………………… 43

2.2.1　运动指令 ……………………………………………………… 43

2.2.2　延时指令 ……………………………………………………… 44

2.2.3　坐标系指令 …………………………………………………… 45

实施评价 …………………………………………………………………… 47

任务2.3　工业机器人绘图编程 …………………………………………… 48

2.3.1　工件坐标标定 ………………………………………………… 48

2.3.2　工具坐标标定 ………………………………………………… 49

2.3.3　机器人写字绘图工艺分析 …………………………………… 49

2.3.4　绘图运动规划和示教前的准备 ……………………………… 51

2.3.5　绘图示教编程 ………………………………………………… 52

2.3.6　程序调试与运行 ……………………………………………… 57

实施评价 …………………………………………………………………… 59

理论习题…………………………………………………………………… 61

项目3　工业机器人搬运物料

任务3.1　程序的结构、参数设定、备份与恢复 ………………………… 63

3.1.1　定义键的功能和使用方法 …………………………………… 63

3.1.2　程序编辑界面和程序结构 …………………………………… 63

3.1.3　工业机器人运动参数的设置 ………………………………… 65

3.1.4　工业机器人系统备份与恢复的方法 ………………………… 66

实施评价 …………………………………………………………………… 68

任务3.2　指令应用………………………………………………………… 69

3.2.1　IO指令 ………………………………………………………… 69

3.2.2　寄存器指令 …………………………………………………… 69

实施评价 …………………………………………………………………… 72

任务3.3　工业机器人搬运编程 …………………………………………… 73

3.3.1　机器人搬运工艺分析 ………………………………………… 73

3.3.2　路径规划与示教前的准备 …………………………………… 73

3.3.3　搬运编程 ……………………………………………………… 75

3.3.4　程序调试与运行（单步） …………………………………… 78

实施评价 …………………………………………………………………… 80

理论习题…………………………………………………………………… 81

项目4　工业机器人码垛

任务 4.1　码垛认知 ………………………………………… 83

4.1.1　码垛的定义与形式 ……………………………… 83

4.1.2　码垛垛形搭建 …………………………………… 84

实施评价 …………………………………………………… 86

任务 4.2　指令应用 …………………………………………… 87

4.2.1　子程序调用——CALL 指令 …………………… 87

4.2.2　流程指令——GOTO LBL［］ …………………… 91

实施评价 …………………………………………………… 93

任务 4.3　工业机器人的码垛编程 ………………………… 94

4.3.1　码垛的工艺分析 ………………………………… 94

4.3.2　码垛运动规划及示教前的准备 ………………… 95

4.3.3　码垛示教编程 …………………………………… 97

实施评价 …………………………………………………… 102

理论习题 …………………………………………………… 103

项目5　工业机器人关节装配

任务 5.1　关节装配认知 …………………………………… 105

5.1.1　装配平台认知 …………………………………… 105

5.1.2　流程装配形式 …………………………………… 108

实施评价 …………………………………………………… 109

任务 5.2　指令应用 …………………………………………… 110

5.2.1　循环指令——WHILE ……………………………… 110

5.2.2　循环指令——FOR ………………………………… 112

实施评价 …………………………………………………… 114

任务 5.3　工业机器人关节装配编程 ……………………… 115

5.3.1　关节装配工艺分析 ……………………………… 115

5.3.2　关节装配工具的使用 …………………………… 115

5.3.3　关节装配示教编程 ……………………………… 117

实施评价 …………………………………………………… 122

理论习题 …………………………………………………… 123

项目6 工业机器人喷涂

任务 6.1 喷涂认知 ·· 125

　6.1.1 工业机器人喷涂应用 ····························· 125

　6.1.2 喷涂工作台认知 ································· 126

实施评价 ·· 127

任务 6.2 指令应用 ·· 128

实施评价 ·· 130

任务 6.3 工业机器人喷涂编程 ······················· 131

　6.3.1 喷涂工艺分析 ··································· 131

　6.3.2 运动规划及示教前的准备 ····················· 133

　6.3.3 喷枪工具坐标系六点标定 ····················· 134

　6.3.4 喷涂示教编程 ··································· 135

　6.3.5 程序调试与运行 ······························· 140

实施评价 ·· 141

理论习题 ·· 142

项目7 工业机器人上下料

任务 7.1 上下料认知 ····································· 144

　7.1.1 工业机器人上下料应用 ························· 144

　7.1.2 上下料点位示教 ······························· 145

实施评价 ·· 147

任务 7.2 工业机器人上下料编程 ····················· 148

　7.2.1 数控车床及编程指令的使用 ··················· 148

　7.2.2 上下料的工艺分析 ····························· 150

　7.2.3 上下料运动规划及示教前的准备 ··············· 150

　7.2.4 上下料的示教编程 ····························· 152

　7.2.5 机床上下料程序示例 ··························· 155

实施评价 ·· 159

理论习题 ·· 160

参考文献

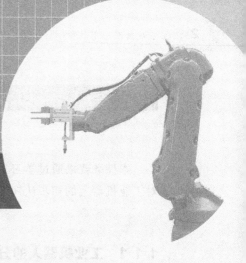

项目 ① 工业机器人认知

项目导读

　　本项目主要介绍工业机器人分类、工作原理、系统组成及基本功能，掌握示教器及其控制面板的含义。

知识目标：

1. 掌握工业机器人的结构；
2. 理解工业机器人坐标系的意义；
3. 熟悉示教器的操作界面及基本功能。

技能目标：

1. 会启动工业机器人；
2. 能完成单轴移动的手动操作；
3. 会操作示教器控制工业机器人回到参考点。

素养目标：

1. 培养学生具备安全操作意识；
2. 培养学生具备团结协作精神；
3. 培养学生具备自主学习的能力。

知识结构

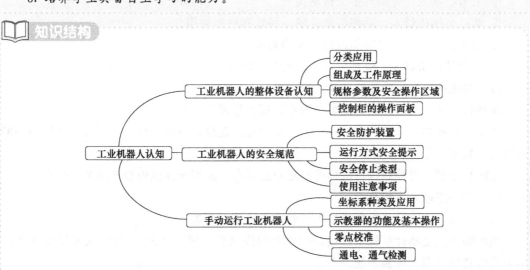

任务1.1 工业机器人的整体设备认知

任务描述

本任务要求通过学习工业机器人的分类、应用以及工业机器人组成、工作原理，实现对工业机器人的初步认知。

知识准备

1.1.1 工业机器人的分类及应用

工业机器人是集机械、电子、控制、计算机、传感器、人工智能等多学科先进技术于一体的现代制造业中重要的自动化装备。随着科学技术的不断发展，工业机器人已成为柔性制造系统（FMS）、计算机集成制造系统（CIMS）的自动化工具。广泛应用工业机器人，不仅可提高产品的质量与数量，而且对保障人身安全、改善劳动环境、减轻劳动强度、提高劳动生产率、节约原材料消耗及降低生产成本有着十分重要的意义。

在操作工业机器人之前，需要了解工业机器人的基本结构与运动形式，并掌握工业机器人控制系统对工业机器人关节正方向、关节参考点、坐标系的定义，了解工业机器人的工作空间等相关知识。

工业机器人一般是指用于机械制造业中代替人完成要求大批量、高质量工作的机器人，如汽车制造、摩托车制造、船舶制造、电子及化工等行业自动化生产线中的搬运、焊接、切割、装配、喷涂、码垛等工业机器人。国际上关于机器人的分类目前没有统一标准，一般按控制方式、自由度、结构、应用领域进行分类。由于机器人还在不断地完善和发展中，按不同的分类方式划分，机器人的种类也不相同。

(1) 按臂部的运动形式分

按臂部的运动形式可分为以下五类，如图1-1所示。

① 直角坐标机器人，臂部可沿3个直角坐标移动。

② 关节机器人，臂部有多个转动关节。

③ 圆柱坐标机器人，臂部可做升降、回转和伸缩动作。

④ 球坐标机器人，臂部能回转、俯仰和伸缩。

⑤ 组合结构机器人，臂部可以实现直线、旋转、回转、伸缩。

(2) 按执行机构运动的控制机能分

按执行机构运动的控制机能可分为点位型和连续轨迹型。

点位型：控制执行机构由一点到另一点的准确定位，适用于机床上下料、点焊和一般的搬运与装卸等作业。

连续轨迹型：可控制执行机构按给定轨迹运动，适用于连续焊接和涂装等作业。

(3) 按程序输入方式分

按程序输入方式可分为离线输入型和示教输入型两类。

离线输入型是将计算机上已编好的作业程序文件，通过RS232串口或者以太网等通信方式传送到机器人控制系统。

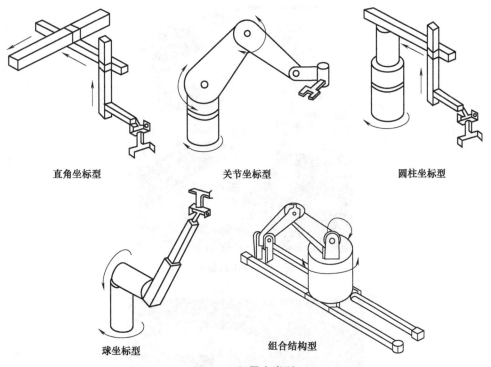

直角坐标型　　　　　　　关节坐标型　　　　　　　圆柱坐标型

球坐标型　　　　　　　组合结构型

图 1-1　机器人类别

示教输入型的示教方法有两种：一种是由操作者用手动制器（示教器）将指令信号传给驱动系统，使执行机构按要求的动作顺序和运动轨迹操演一遍；另一种是由操作者直接移动执行机构，按要求的动作顺序和运动轨迹操演一遍。

示教输入型工业机器人也称为示教再现型工业机器人。

（4）按应用领域分类

工业机器人按应用领域分类可分为搬运机器人、焊接机器人、喷涂机器人、装配机器人、码垛机器人、上下料机器人等，如图1-2～图1-7所示。

图 1-2　搬运机器人

笔记

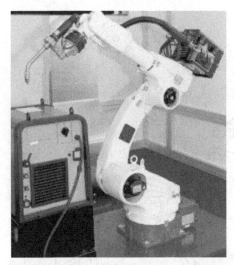

图 1-3　焊接机器人

图 1-4　喷涂机器人

笔 记

图 1-5　装配机器人

图 1-6　码垛机器人

图 1-7　上下料机器人

1.1.2　工业机器人的组成及工作原理

笔记

工业机器人由机器人本体，机器人控制柜、示教器、机器人连接电缆等组成。本体即机座和执行机构，包括臂部、腕部和手部，有的机器人还有行走机构；驱动系统包括动力装置和传动机构，用以使执行机构产生相应的动作；控制系统是按照输入的程序对驱动系统和执行机构发出指令信号，并进行控制。下面以 HSR-JR 603 型工业机器人为例进行说明。

HSR-JR 603 型工业机器人臂展 571.5mm，负载能力为 3kg，末端最大运行速度为3m/s。非熟练操作员使用前需通过示教器设置机器人运动速度（手动/自动）为最低挡，防止不当操作对人体和设备设施的损坏，如图 1-8 所示。

工业机器人本体一般采用空间开链连杆机构，其中的运动副（转动副或移动副）常称为关节，关节个数通常即为工业机器人的自由度数，大多数工业机器人有 3～6 个运动自由度。根据关节配置形式和运动坐标形式的不同，工业机器人执行机构可分为直角坐标式、圆柱坐标式、极坐标式和关节坐标式等类型。出于拟人化的考虑，常将工业机器人本体的有关部位分别称为基座、腰部、臂部、腕部、手部（夹持器或末端执行器）等。

典型的六轴工业机器人，如图 1-9 所示，J1、J2、J3 为定位关节，手腕的位置主要由这 3 个关节决定；J4、J5、J6 为定向关节，主要用于改变手腕姿态。

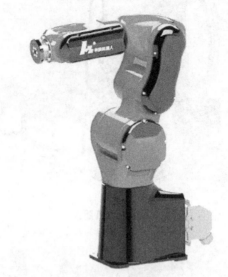

图 1-8　HSR-JR 603

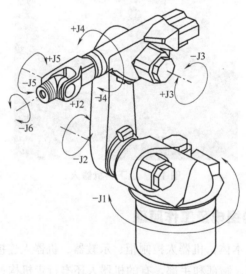

图 1-9　六轴工业机器人

工业机器人驱动系统作用是为执行元件提供动力，驱动系统的传动有液压、气动、电动 3 种类型。HSR-JR 603 工业机器人采用电动伺服驱动方式（交流电动机），有一个关节（轴）和一个驱动器。该驱动装置采用位置传感器、速度传感器等传感装置来实现位置、速度和加速度的闭环，不仅能提供足够的功率来驱动各个轴，而且能实现快速而频繁的启停并精确到位。

HSR-JR 603 工业机器人的传动结构臂部采用 RV 减速器，腕部采用谐波减速器。

HSR-JR 603 工业机器人控制系统主要由 HTP 机器人示教器及运行在设备上的软件所组成。机器人控制器一般安装于机器人电柜内部，控制机器人的伺服驱动、输入/输出等主要执行设备；机器人示教器一般通过电缆连接到机器人电柜上，作为上位机通过以太

笔记

网与控制器进行通信。借助 HTP 示教器，用户可以实现 HSR-JR 603 工业机器人控制系统的以下控制功能：

　　① 手动控制机器人运动；

　　② 机器人程序示教编程；

　　③ 机器人程序自动运行；

　　④ 机器人运行状态监视；

　　⑤ 机器人控制参数设置。

1.1.3　工业机器人的规格参数及安全操作区域

(1) 工业机器人的基本规格

机器人规格参数主要包括工作空间、机器人负载、机器人运动速度、机器人最大动作范围和重复定位精度。HSR-JR 603 工业机器人性能参数表如表 1-1 所示。

　　① 机器人工作空间。机器人工作空间为机器人运动时手腕参考点（J4 轴线与 J5 轴线的交点）所能达到的所有点的集合。

　　② 机器人负载设定。机器人负载设定定义为末端最大负载，即机器人在工作范围内的任何位姿上所能承受的最大质量。

　　③ 机器人运动速度。机器人关节最大运动速度为机器人单关节运动时的最大速度。

　　④ 机器人最大动作范围。最大工作范围为机器人运动时各关节所能达到的最大角度。机器人的每个轴都有软、硬限位，机器人的运动无法超出软限位，如果超出，称为超行程，由硬限位完成对该轴的机械约束。

　　⑤ 重复定位精度。对同一指令位姿从同一方向重复响应 n 次后实到位姿的一致程度。

表 1-1　性能参数表

工业机器人		HSR-JR 603
自由度		6
额定负载		3kg
最大工作半径		571.5mm
重复定位精度		±0.02mm
运动范围	J1	±180°
	J2	−160°/+10°
	J3	−25°/+235°
	J4	±180°
	J5	±105°
	J6	±360°
额定速度	J1	262.5°/s, 4.58rad/s
	J2	262.5°/s, 4.58rad/s
	J3	262.5°/s, 4.58rad/s
	J4	262.5°/s, 4.58rad/s
	J5	262.5°/s, 4.58rad/s
	J6	420°/s, 7.33rad/s

笔 记

工业机器人		HSR-JR 603
最高速度	J1	375°/s,6.54rad/s
	J2	375°/s,6.54rad/s
	J3	375°/s,6.54rad/s
	J4	375°/s,10.46rad/s
	J5	375°/s,10.46rad/s
	J6	600°/s,10.46rad/s
容许惯性矩	J6	$0.05kg \cdot m^2$
	J5	$0.05kg \cdot m^2$
	J4	$0.05kg \cdot m^2$
容许负荷扭矩	J6	$6.4N \cdot m$
	J5	$6.4N \cdot m$
	J4	$12.7N \cdot m$
适用环境	温度	0~45℃
	湿度	20%~80%
	其他	避免与易燃易爆或腐蚀性气体、液体接触,远离电子噪声源(等离子)
示教器线缆长度		8m
本体-柜体连接线长度		3m
I/O参数		数字量:32输入,31输出(控制柜故障指示灯输出占用1)
电源容量		0.8kV·A
额定功率		0.6kW
额定电压		单相 AC 220V
额定电流		3.2A
本体防护等级		IP54
安装方式		地面安装、倒挂安装、侧挂安装、桌面安装
本体重量		27kg
控制柜防护等级		IP53
控制柜尺寸		650mm(宽)×370mm(厚)×600mm(高)
控制柜重量		20kg

(2) 工业机器人的安全操作区域

工作空间又叫作工作范围、工作区域,是设备所能达到的所有空间区域。机器人的工作空间是指机器人手臂末端或手腕中心(手臂或手部安装点)所能到达的所有点的集合,不包括手部本身所能到达的区域。由于末端执行器的形状和尺寸是多种多样的,因此为真实反映机器人的特征参数,工作范围是指不安装末端执行器的工作区域。机器人外形尺寸和工作空间如图1-10所示。

工作范围的形状和大小是十分重要的,机器人在执行某作业时可能会因存在手部不能到达的作业死区而不能完成任务。

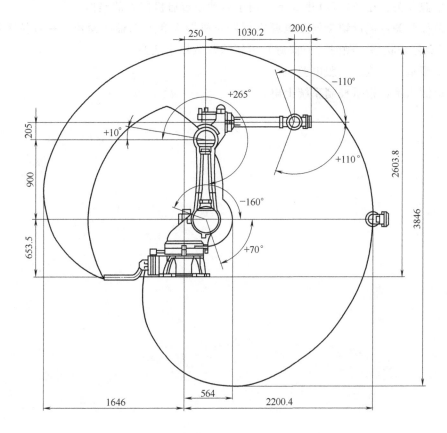

图 1-10　机器人外形尺寸和工作空间

1.1.4　工业机器人的控制柜的操作面板

HSR-JR 603 工业机器人电气控制柜及其操作面板如图 1-11 所示。

图 1-11　机器人电气控制柜及其操作面板

① 电源开关：在 AUTO 模式下，用于启动或重启机器人的操作。

② 急停开关：通过切断伺服电源立刻停止机器人和外部轴的操作。一旦按下该开关即保持紧急停止状态，顺时针方向旋转可解除紧急停止状态。

③ 伺服指示：接通伺服电源。

④ 电源指示：指示控制系统上电。

笔记

实施评价 <<<

项目	工业机器人认知				
学习任务	工业机器人的整体设备认知			完成时间	
任务完成人	学习小组		组长		成员

1. 工业机器人的组成及应用。

2. 工业机器人的性能参数有哪些?

3. 工业机器人控制柜操控面板的按键有哪些?

分析评价	知识的理解 (30%)	任务的实施 (30%)	学习态度(纪律、出勤、卫生、安全意识、积极性、任务的学习情况等)(30%)	团队精神(责任心、竞争、比学赶帮超等)(10%)	考核总成绩(知识+技能+态度+团队/任务内容项)
考核成绩					

笔 记

任务1.2 工业机器人的安全规范

本任务要求了解工业机器人的安全规范、安全防护装置、运行方式安全提示、工业机器人安全停止类型、工业机器人使用注意事项。

知识准备

1.2.1 工业机器人的安全防护装置

在进行工业机器人操作的时候，要装备相关安全防护装置。安全防护装置主要包括工作服、安全鞋、安全帽以及专用保护用具等。

机器人系统必须始终装备相应的安全设备，如隔离防护装置（防护栅、门等）、紧急停止按钮、位置制动装置、轴范围限制装置。

在安全防护装置不完善的情况下，运行机器人系统可能造成人员受伤或财产损失，所以在防护装置被拆下或关闭的情况下，不允许运行机器人系统。

(1) 防护栏装置

防护栏（图 1-12）是机器人工作时不可缺少的隔离装置。它的作用是防止非机器人操作人员进入机器人工作范围内，造成人员损伤或财产损失；或在操作人员误将机器人冲破防护栏对人员安全造成威胁时，可起到警示作用，操作时禁止机器人超出防护栏划定的范围。

图 1-12　机器人防护栏装置

(2) 紧急停止按钮

工业机器人的紧急停止按钮是位于控制柜和示教器上的红色按钮，如图 1-13 所示。在出现危险情况或紧急情况时必须按下此按钮。机器人的反应是机器人本体及附加轴（可选）以安全停止的方式停机。若要继续运行，则必须旋转紧急停止按钮以将其解锁，接着对停机信息进行确认。

(3) 范围限制装置

基本轴 A1～A3 以及机器人手轴 A5 的轴范围均由带缓冲器的机械终端止挡限定，如

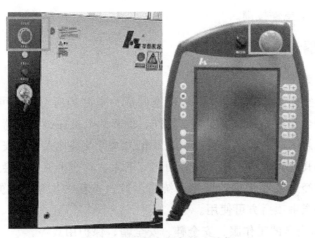

图 1-13　机器人紧急停止按钮

图 1-14 所示。华数机器人除了物理限定轴范围外，也可通过软限位来限定轴范围。若机器人附加轴在行驶中撞到障碍物、机械终端止挡位置或轴范围限制处的缓冲器，则可能导致机器人系统受损。将机器人系统重新投入运行之前，需联系厂家重新调试。

图 1-14　机器人外部限位

笔 记

1.2.2　工业机器人的运行方式安全提示

① 工业机器人在出现故障时指示灯显示红色；

② 工业机器人窗口出现报错提示；

③ 工业机器人电控柜报警指示灯亮起。

1.2.3　工业机器人的安全停止类型

安全停止是指停止所有机器人运动并消除机器人驱动启动器供电的一种状态。对此没有还原步骤。只需恢复供电即可从安全停止中恢复。安全停止也称为保护性停止。机器人系统安全停止会通过将电机断电立即停止机器人。

安全停止方式有以下几种操作：

① 松开示教器使能开关；

② 按下示教器上急停按键；

③ 按下电控柜上急停按键。

1.2.4 工业机器人的使用注意事项

(1) 一般注意事项

工业机器人在空间动作，其动作领域的空间成为危险场所，所以可能发生意外事故。因此，机器人的安全管理者及从事安装、操作、保养的人员在操作机器人或工业机器人运行期间要保证安全第一，在确保自身的安全及相关人员及其他人员的安全后再进行操作。

工业机器人与其他机械设备相比，其动作范围大、动作迅速等都会造成安全隐患。因此，操作人员必须经过专业培训，了解系统指示灯及按钮的用途，熟知最基本的设备知识、安全知识及注意事项后方可使用。

① 穿戴和使用规定的工作服、安全鞋、安全帽、保护用具等。

② 用示教器操作机器人及运行作业时，请确认机器人动作范围内没有人员及障碍物。机器人处于自动模式时，任何人员都不允许进入其运动所及的区域。调试人员进入机器人工作区域时，必须随身携带示教器，以防他人误操作。

③ 示教器使用后，应摆放到规定位置，远离高温区，不可放置在机器人工作区域以防发生碰撞，造成人员损伤与设备损坏事故。

④ 保持机器人安全标记的清洁、清晰，如有损坏应及时更换。

⑤ 作业结束，为确保安全，要养成按下急停开关，切断机器人伺服电源后再断开电源开关的习惯，拉总电闸，清理设备，整理现场。

⑥ 机器人停机时，夹具上不应置物，必须空机。

⑦ 机器人在发生意外或运行不正常等情况下，应立即按下急停开关，停止运行。

⑧ 因为机器人在自动状态下，即使运行速度非常低，其动量仍很大，所以在进行编程、测试及维修等工作时，必须将机器人置于手动模式。

⑨ 在手动模式下调试机器人时，如果不需要移动机器人，则必须及时释放使能器。

⑩ 突然停电后，要赶在来电之前预先关闭机器人的电源开关，并及时取下夹具上的工件。

⑪ 必须保管好机器人钥匙，严禁非授权人员使用机器人。

(2) 安装配线安全注意事项

安装及配线的详细要求参考华数机器人使用说明书。安装、配线、配管时要考虑到不被"夹住"或"绊倒"。另外，为了安全运行，华数机器人和夹具等都要便于操作、查看。

选择一个区域安装机器人或控制柜时，要确认此区域足够大，并确保装有工具的机器人不会碰到墙、安全栏或者其他物体。否则，有可能因和机器人接触，出现人员损伤或者设备损坏事故。

接地工程要遵守电气设备标准及内线规章制度，否则会有触电、火灾的隐患。

原则上，机器人的搬运需要使用天车，用两根吊绳吊起。运输机器人时，务必用固定夹具固定，按照使用说明书中记载的出货姿势吊起。吊车、吊具或者叉车应该由授权的人员进行操作。运输中，由于机器人翻倒有可能造成人员损伤或者设备损坏，也须注意。机器人控制器的搬运原则上也使用天车。搬运中由于控制器掉下或翻倒，有可能造成人员损伤或设备损毁，因此搬运前应确认控制器的重量，选择合适的吊绳。安装前，临时放置时一定要把控制柜放稳。

（3）操作安全注意事项

在作业区内工作时粗心大意可能会造成严重的事故。为了确保安全，强令执行下列防范措施。

① 在机器人周围设置安全栏，以防与已通电的机器人发生意外接触。在安全栏的入口处张贴"远离作业区"警示牌。安全栏的门必须加装可靠的安全联锁。

② 工具应该放在安全栏以外的合适区域。若由于疏忽把工具放在夹具上，和机器人接触则有可能发生机器人或夹具的损坏。

③ 当往机器人上安装一个工具时，务必先切断控制柜及所装工具上的电源，并锁住其电源开关，而且要挂警示牌。

操作机器人前须先检查机器人运动方面的问题以及外部电缆绝缘保护罩是否损坏。如果发现问题，则应立即处理，并确认其他所有必须做的工作均已完成，示教编程器使用完毕后，务必挂回原位置。如示教编程器遗留在机器人上、系统夹具上或地面上，则机器人或装载其上的工具可能碰撞到它，可能会造成人员损伤或者设备损坏。遇到紧急情况时，需要按示教器或控制面板上的急停按钮停止机器人。

（4）安全防护措施

① 关闭总电源。在进行机器人的安装、维修、保养时切记要将总电源关闭。带电作业可能会产生致命性后果。如果不慎遭高压电击，可能会导致烧伤、心跳停止或其他严重伤害。

② 与机器人保持足够的安全距离。在调试与运行机器人时，它可能会执行一些意外的或不规范的运动。所有的运动都会产生很大的力量，可能严重伤害个人或损坏机器人工作范围内的设备。所以需要时刻警惕，与机器人保持足够的安全距离。

笔 记

实施评价 <<<<

项目	工业机器人认知				
学习任务	工业机器人的安全规范			完成时间	
任务完成人	学习小组		组长	成员	

1. 操作工业机器人必需的装备。

2. 工业机器人操作注意事项。

分析评价	知识的理解（30%）	任务的实施（30%）	学习态度（纪律、出勤、卫生、安全意识、积极性、任务的学习情况等）(30%)	团队精神（责任心、竞争、比学赶帮超等）(10%)	考核总成绩（知识＋技能＋态度＋团队/任务内容项）
考核成绩					

任务 1.3 手动运行工业机器人

任务描述

本任务要求掌握工业机器人的坐标系调用，与常规的工业机器人开关机使用操作。

知识准备

1.3.1 工业机器人的坐标系种类及应用

工业机器人一般有 4 个坐标系，即轴坐标系、世界坐标系、工具坐标系、基坐标系。

① 轴坐标系。即为每个轴相对参考点位置的绝对角度。机器人控制系统对各关节正方向的定义如图 1-15 所示。可以简单地记为 A2、A3、A5 关节以"抬起/后仰"为正，"降下/前倾"为负；A1、A4、A6 关节满足右手定则，即拇指沿关节轴线指向机器人末端，则其他 4 指方向为关节正方向。在关节坐标系中可以进行单个轴的移动操作。

② 世界坐标系。世界坐标系是一个固定的笛卡儿坐标系，是机器人默认坐标系和基坐标系的原点坐标系。在默认配置中，世界坐标系与机器人默认坐标系是一致的。

③ 工具坐标系。即安装在机器人末端的工具坐标系，原点及方向都是随着末端位置与角度不断变化的。HSR-JR 603 工业机器人默认 0 号工具坐标系位于 J4、J5、J6 关节轴线共同的交点处。Z 轴与 J6 关节轴线重合；X 轴与 J5 和 J6 关节轴线的公垂线重合；Y 轴按右手定则确定，坐标系方向如图 1-16 所示。该坐标系实际是将世界坐标系通过旋转及位移变化而来的。

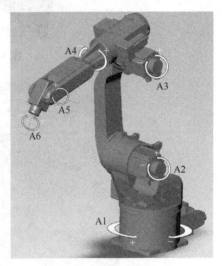

图 1-15 机器人轴坐标系

④ 基坐标系（工件坐标系）。基坐标系是一个笛卡儿坐标系，用来说明工件的位置。默认配置中，基坐标系与机器人默认坐标系是一致的。修改基坐标系后，机器人即按照设置的坐标系运动。基坐标系是在工具活动区域内相对于世界坐标系设定的坐标系。可通过坐标系标定或者参数设置来确定工件坐标系的位置和方向。每一个工件坐标系与标定工件坐标系时使用的工具相对应。

1.3.2 示教器的基本功能与操作

示教器主要由液晶屏和操作键组成。示教—再现型机器人的所有操作基本上都是通过示教器来完成的，所以掌握各个按键的功能和操作方法是使用示教器操作机器人的前提。

HSR-JR 603 工业机器人示教器按键配置图如图 1-17 所示。

(1) 示教器按键名称及功能说明

示教器按键名称及功能说明如图 1-18、图 1-19、表 1-2、表 1-3 所示。

笔记

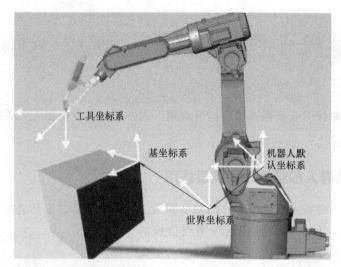

图 1-16　机器人坐标系

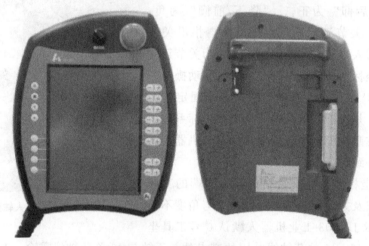

图 1-17　机器人示教器

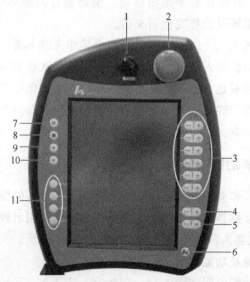

图 1-18　机器人示教器正面

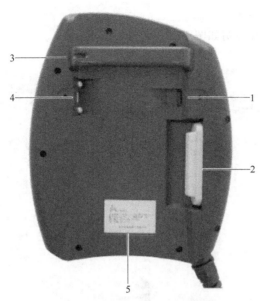

图 1-19 机器人示教器反面

表 1-2 示教器正面按钮说明

序号	说　　明
1	用于调出连接控制器的钥匙开关。只有插入了钥匙后,状态才可以被转换。可以通过连接控制器切换运行模式
2	紧急停止按键(急停)。用于在危险情况下使机器人停机
3	点动运行键。用于手动移动机器人
4	用于设定程序调节量的按键。自动、外部运行倍率调节
5	用于设定手动调节量的按键。手动运行倍率调节
6	菜单按钮。可进行菜单和文件导航器之间的切换
7	暂停按钮。运行程序时,暂停运行
8	停止键。用停止键可停止正在运行中的程序
9	预留
10	开始运行键。在加载程序成功时,点击该按键后开始运行
11	备用按键

表 1-3 示教器反面按钮说明

序号	说　　明
1	调试接口
2	三段式安全开关 安全开关有 3 个位置: ①未按下 ②中间位置 ③完全按下 在运行方式手动 T1 或手动 T2 中,确认开关必须保持在中间位置,方可使机器人运动。在采用自动运行模式时,安全开关不起作用
3	HSpad 触摸屏手写笔插槽
4	USB 插口 USB 接口被用于存档/还原等操作
5	HSpad 标签型号粘贴处

笔 记

(2) 示教器的操作界面

示教器的操作界面及说明如图 1-20、表 1-4 所示。

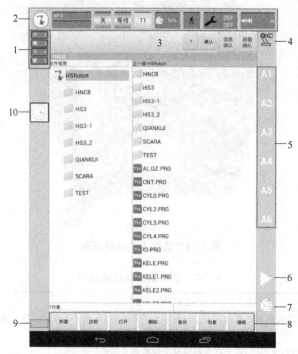

图 1-20 示教器的操作界面

表 1-4 示教器操作界面说明

序号	说　明
1	信息提示计数器 信息提示计数器显示,提示每种信息类型各有多少条等待处理 触摸信息提示计数器可放大显示
2	状态栏 显示当前加载的程序、使能状态、程序状态、运行模式、倍率、程序运行方式、工具工件号、增量模式
3	信息窗口 根据默认设置将只显示最后一个信息提示。触摸信息窗口可显示信息列表,列表中会显示所有待处理的信息 可以被确认的信息可用【确认】键确认 【信息确认】键确认所有除错误信息以外的信息 【报警确认】键确认所有错误信息 【?】键可显示当前信息的详细信息
4	坐标系状态 触摸该图标就可以显示所有坐标系,并进行选择切换
5	点动运行指示 如果选择了与轴相关的运行,这里将显示轴号(A1、A2 等) 如果选择了笛卡儿式运行,这里将显示坐标系的方向(X、Y、Z、A、B、C) 触摸图标会显示运动系统组选择窗口。选择组后,将显示为相应组中所对应的名称

笔 记

续表

序号	说　明
6	自动倍率修调图标
7	手动倍率修调图标
8	操作菜单栏 用于程序文件的相关操作
9	网络状态 红色为网络连接错误,检查网络线路问题 黄色为网络连接成功,但初始化控制器未完成,无法控制机器人运动 绿色为网络初始化成功,HSpad正常连接控制器,可控制机器人运动
10	时钟 时钟可显示系统时间。点击时钟图标就会以数码形式显示系统 时间和当前系统的运行时间

(3) 示教器的状态栏

状态栏显示工业机器人设置的状态。多数情况下通过点击图标就会打开一个窗口,可以在打开的窗口中更改设置。示教器的状态栏如图1-21、表1-5所示。

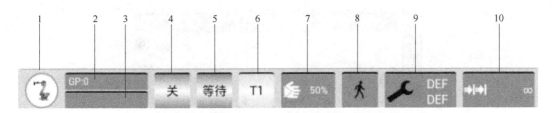

图1-21　示教器的状态栏

表1-5　示教器状态栏说明

序号	说　明
1	菜单键 功能同菜单按键功能
2	机器人名 显示当前机器人的名称
3	加载程序名称 在加载程序之后,会显示当前加载的程序名
4	使能状态 绿色并且显示"开",表示当前使能打开 红色并且显示"关",表示当前使能关闭 点击可打开使能设置窗口,在自动模式下点击界面开/关可设置 使能开关状态。窗口中可显示安全开关的按下状态 手动模式下,只能通过安全开关打开或关闭
5	程序运行状态 自动运行时,显示当前程序的运行状态
6	模式状态显示 模式可以通过钥匙开关设置,模式可设置为手动模式、自动模式、外部模式

笔记

续表

序号	说　明
7	倍率修调显示 切换模式时会显示当前模式的倍率修调值 触摸会打开设置窗口,可通过加/减(+/-)键以 1% 的单位进行加减设置,也可通过滚动条左右拖动设置
8	程序运行方式状态 在自动运行模式下只能是连续运行,手动 T1 和手动 T2 模式下可设置为单步或连续运行 触摸会打开设置窗口,在手动 T1 和手动 T2 模式下可点击连续/单步按钮进行运行方式切换
9	激活基坐标/工具显示 触摸会打开窗口,点击工具和基坐标选择相应的工具和工件进行设置,可用工具工件号为 0～15
10	增量模式显示 在手动 T1 或者手动 T2 模式下触摸可打开窗口,点击相应的选项设置增量模式 持续性:持续性运动 非持续:按照设置的增量式距离移动

(4)示教器的主菜单

点击"主菜单图标"或按键,窗口主菜单打开。再次点击"主菜单图标"或按键,关闭主菜单。示教器的主菜单如图 1-22 所示。

笔记

图 1-22　示教器的主菜单

主菜单窗口属性:

左栏中显示主菜单。

点击一个菜单项将显示其所属的下级菜单（例如：配置）。

点击打开下级菜单的层数多时，可能会看不到主菜单栏，而是只能看到菜单，此时会显示最新的三级菜单。

点击左上"Home 图标"键可关闭所有打开的下级菜单，只显示主菜单。

在下部区域将显示上一个所选择的菜单项（最多 6 个），相当于一个快捷菜单。这样能直接再次选择这些菜单项，而无须先关闭打开的下级菜单。

点击左侧红叉（"×"）可关闭窗口。

1.3.3 工业机器人的基本操作

（1）工业机器人的单轴运动

机器人的运动可以是连续的，也可以是步进的，可以是单轴独立的，也可以是多轴联动的，这些运动都可以通过示教器手动操作来实现。手动运行 HSR-JR 603 工业机器人分为两种方式，一种是每个关节均可以独立地正反方向运动，这种运动是与轴相关的运动，称为关节坐标轴运动。另一种是工具中心点（Tool Center Point，简称 TCP）。沿着笛卡儿坐标系的正反方向运动，称为笛卡儿坐标轴运动。使用示教器右侧的点动按钮可手动操作机器人关节坐标或笛卡儿坐标轴运动。

机器人的运行模式有两种，即手动模式和自动模式。手动操作机器人应在手动运行模式下运动，而手动模式又有 T1 和 T2 两种如图 1-23 所示。机器人默认速度：T1 模式 125mm/s，T2 模式 250mm/s，自动模式 1000mm/s。

图 1-23 运动模式

（2）手动倍率修调

手动倍率表示手动运行机器人的速度。它以百分数表示，以机器人在手动运行时的最大可能速度为基准。操作步骤如下。

步骤 1：触摸倍率修调状态图标如图 1-24 所示，打开倍率调节量窗口如图 1-25 所示，按下或拖动相应按钮后倍率将被调节。

图 1-24 倍率修调

步骤 2：设定所要求的手动倍率，可通过正负按钮或通过调节器进行设定，也可使用示教器右侧的手动倍率正负按键来设定倍率。

正负键：可以以 100%、75%、50%、30%、10%、3%、1% 步距为单位进行设定。

调节器：可以以 1% 步距为单位进行设定。

笔 记

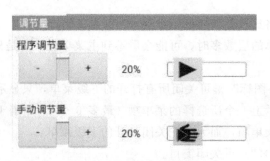

图1-25 倍率修调状态

步骤3：重新触摸状态显示手动方式下的倍率修调图标（或触摸窗口外的区域），窗口关闭并应用所设定的倍率。

👆 **注意**

若当前为手动方式，状态栏只显示手动倍率修调值，自动方式时显示自动倍率修调值，点击后，在窗口中的手动倍率修调值和自动倍率修调值均可设置。

（3）工具坐标和工件坐标选择

HSR-JR 603 机器人控制系统中最多可以储存16个工具坐标和16个基坐标系。坐标选择的操作步骤如下。

步骤1：触摸工具、工件坐标系状态图标如图1-26所示，打开"激活的基坐标/工具"窗口，如图1-27所示。

图1-26 工具、工件坐标系状态

步骤2：选择所需的工具和所需的基坐标。

（4）运行按钮进行与轴相关的移动

在手动模式（T1或T2）下，可用示教器右侧的点动按钮进行与轴相关的运动如图1-28所示，操作步骤如下。

步骤1：选择运行按钮的坐标系统为轴坐标系。运行按钮旁边会显示"A1～A6"；

步骤2：设定手动倍率为30%；

步骤3：按住安全开关，此时使能处于打开状态；

步骤4：按下正或负运行按钮，使机器人轴朝正或反方向运动。

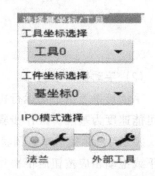

图1-27 激活工具、工件坐标

👆 **注意**

机器人在运动时的轴坐标位置可以通过在主菜单->显示->实际位置查看。若显示的是笛卡儿坐标可点击右侧"轴相关"按钮切换。

（5）运行按钮按笛卡儿坐标移动

在手动运行模式（T1或T2）时，选定好工具和基坐标系如图1-28所示，可用运行按钮按笛卡儿坐标移动，操作步骤如下。

步骤 1：选择运行按钮的坐标系统为世界坐标系、基坐标系或工具坐标系。运行按钮旁边会显示以下名称，如图 1-29 所示，图中 X、Y、Z 用于沿选定坐标系的轴做线性运动；A、B、C 用于沿选定坐标系的轴做旋转运动。

图 1-28 轴（关节）坐标系选择

图 1-29 世界坐标系选择

步骤 2：设定手动倍率。

步骤 3：按住安全开关，此时使能处于打开状态。

步骤 4：按下正或负运行按钮，使机器人朝正或反方向运动。

(6) 增量式手动方式

在手动运行模式（T1 或 T2）时，使用增量式手动运行方式可使机器人移动所选择的距离，如 10mm 或 3°，然后机器人自行停止。

运行时可以用运行键接通增量式手动运行模式，应用范围如下。

以同等间距进行点的定位；

从一个位置移出所定义距离，如在故障情况下；

使用测量表调整。

增量式手动运行的设置如表 1-6 所示。

表 1-6 增量式手动运行的设置

设　　置		说　　明
持续的	已关闭增量式手动移动	
100mm/10°	1 增量 ＝100mm 或 10°	增量单位为 mm，适用于在 X、Y 或 Z 方向的笛卡儿运动
10mm/3°	1 增量＝10mm 或 3°	
1mm/1°	1 增量＝1mm 或 1°	增量单位为"°"，使用于在 A、B 或 C 方向的笛卡儿运动
0.1mm/0.005°	1 增量＝0.1mm 或 0.005°	

增量式手动运行的操作步骤如下。

笔 记

步骤1：点击如图1-30所示的增量状态图标，打开"增量式手动移动"窗口，选择增量移动方式。

图1-30 增量式手动

步骤2：用运行键运行机器人。可以采用笛卡儿或与轴相关的模式运行。如果已达到设定的增量，则机器人停止运行。

如因放开了安全开关，机器人的运动被中断，则在下一个动作中被中断的增量不会继续，而会从当前位置开始一个新的增量。

若机器人已配置附加轴，E1、E2、E3……，使用手动按钮依次对应运行。

1.3.4 工业机器人的点位示教及保存

(1) P变量的点位示教及保存

手动示教主要划分为关节移动、直线移动两大类，而直线移动则存在几种坐标系下的直线移动，如：基坐标系、工具坐标系、用户坐标系等。

操作方法：示教器钥匙切换到T1或者T2档，手动上使能，移动机器人到工作空间中的目标位置；选择合适的坐标系，使能状态下按下按键即可移动机器人，修改纪录的点的名称，光标位于此时可点击记录关节或记录笛卡儿坐标，如图1-31所示。

图1-31 关节坐标示教

(2) 工业机器人的REF变量点位示教及保存

操作步骤如下。

步骤1：选择主菜单显示；

步骤2：点击不同变量列表；

步骤3：通过右边的功能按钮可以做增加；

步骤4：所有修改的操作必须点击保存后才能保存。

　　通过点击 REF 的方式来获得点位选项，显示 REF 变量，通过点击修改按钮可以手动或者记录位置的方式来获得点位。REF 变量点位显示如图 1-32 所示，REF 变量点位修改如图 1-33 所示。

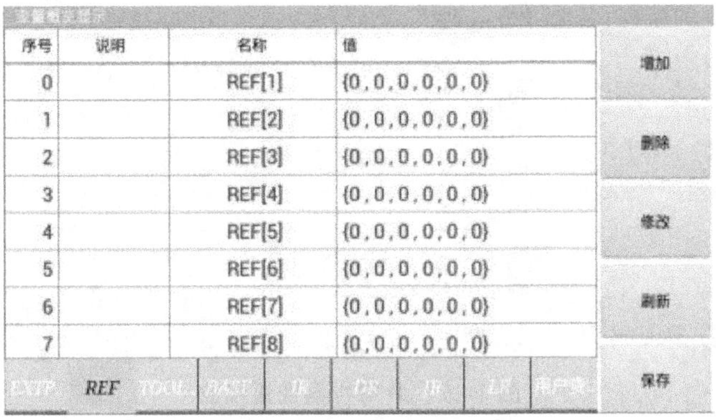

序号	说明	名称	值	
0		REF[1]	{0,0,0,0,0,0}	增加
1		REF[2]	{0,0,0,0,0,0}	
2		REF[3]	{0,0,0,0,0,0}	删除
3		REF[4]	{0,0,0,0,0,0}	
4		REF[5]	{0,0,0,0,0,0}	修改
5		REF[6]	{0,0,0,0,0,0}	
6		REF[7]	{0,0,0,0,0,0}	刷新
7		REF[8]	{0,0,0,0,0,0}	
EXTP.	REF	TOOL.	BASE	JR DR JR LR 用户变	保存

图 1-32　REF 变量点位显示

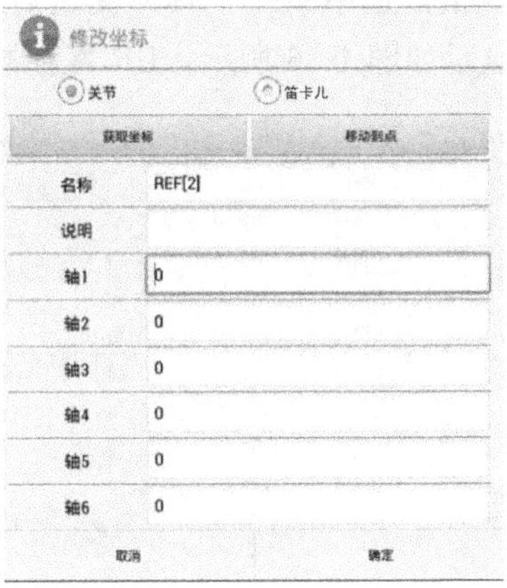

图 1-33　REF 变量点位修改

(3) 工业机器人的 JR 变量点位示教及保存

　　点击 JR 选项，显示 JR 变量，选中某一个具体变量后，通过点击修改按钮获取 JR 寄存器位置。JR 寄存器变量显示如图 1-34 所示，JR 寄存器变量修改如图 1-35 所示。

笔 记

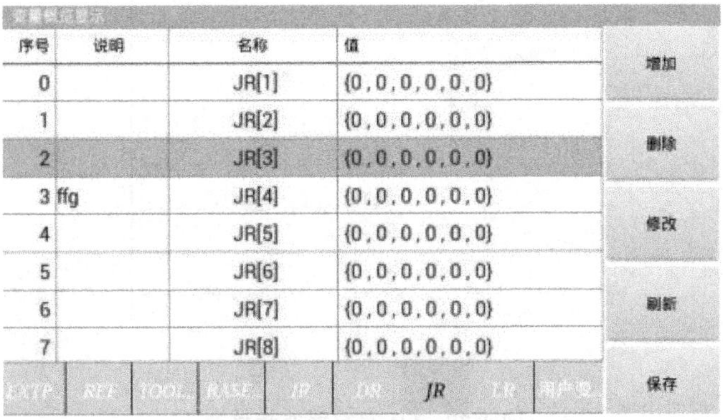

序号	说明	名称	值	
0		JR[1]	{0,0,0,0,0,0}	增加
1		JR[2]	{0,0,0,0,0,0}	
2		JR[3]	{0,0,0,0,0,0}	删除
3	ffg	JR[4]	{0,0,0,0,0,0}	
4		JR[5]	{0,0,0,0,0,0}	修改
5		JR[6]	{0,0,0,0,0,0}	
6		JR[7]	{0,0,0,0,0,0}	刷新
7		JR[8]	{0,0,0,0,0,0}	
EXTP.	REF	TOOL.	BASE	JR DR JR LR 用户变	保存

图 1-34　JR 寄存器变量显示

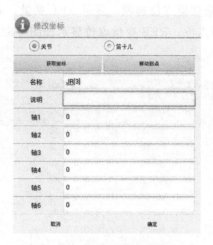

图 1-35 JR 寄存器变量修改

(4) 工业机器人的 LR 变量点位示教及保存

点击 LR 选项，显示 LR 变量，选中某一个具体变量后，通过点击修改按钮获取 LR 寄存器位置。LR 寄存器变量显示如图 1-36 所示，LR 寄存器变量修改如图 1-37 所示。

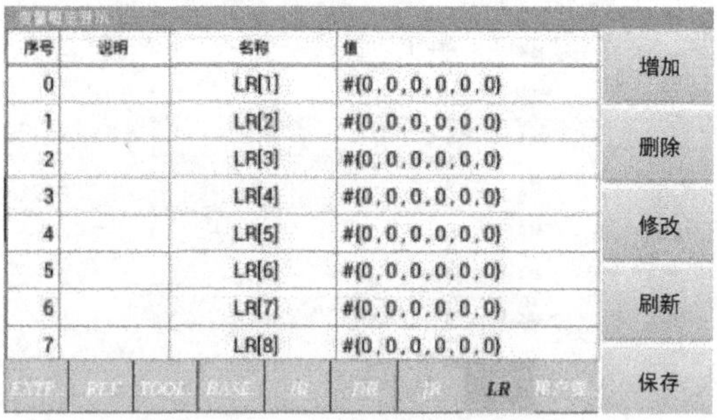

序号	说明	名称	值	
0		LR[1]	#{0,0,0,0,0,0}	增加
1		LR[2]	#{0,0,0,0,0,0}	
2		LR[3]	#{0,0,0,0,0,0}	删除
3		LR[4]	#{0,0,0,0,0,0}	
4		LR[5]	#{0,0,0,0,0,0}	修改
5		LR[6]	#{0,0,0,0,0,0}	
6		LR[7]	#{0,0,0,0,0,0}	刷新
7		LR[8]	#{0,0,0,0,0,0}	
EXTR	REF	TOOL BASE JR JR JR LR 用户		保存

图 1-36 LR 寄存器变量显示

笔 记

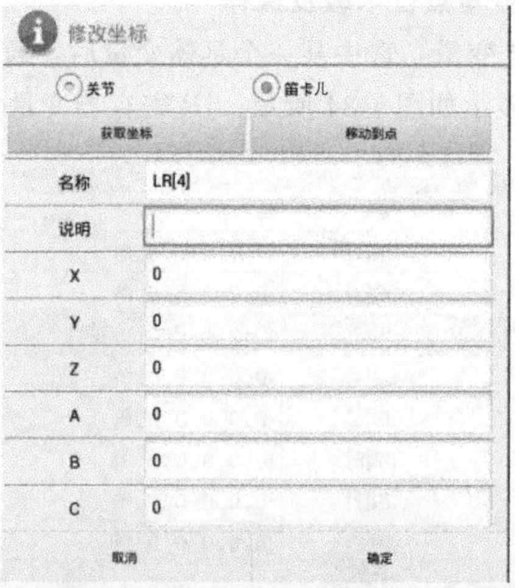

图 1-37 LR 寄存器变量修改

1.3.5 工业机器人的零点校准

（1）零位的含义

① 机器人零位是机器人操作模型的初始位置。当零位不正确时，机器人不能正确运动。

② 将电机的某一位置（码盘值）设定为零位码盘值的过程就是校零。

③ 重新校零即改变软件的计算基准，结果是导致已经示教好的作业的本体实际位置点发生改变。

（2）零位姿态

进行零位校正时，机器人各轴移动到零点状态位置，这个位置被称为机械零位（大部分机器人的机械零位都是这个姿态）。

（3）校零情况

零位一般出厂的时候就已经设置好的，一般情况不需要校零。

当遇到下面几种情况时必须重新校零：

① 本体内码盘电池没电或码盘供电线路有过断开时，驱动器因为码盘圈数丢失报警，此时需要校零；

② 拆装更换电机、减速机、机械传动部件后；

③ 机器人的机械部分因为撞击导致脉冲记数不能指示轴的角度；

④ 其他需要校零的时候。

（4）校零方法

步骤1：在手动模式（T1或T2）下移动机器人各关节到机械原点（不同型号机器人原点状态标志不同）如图1-38所示，使机器人移动到如图1-39所示零点状态。

步骤2：投入运行->调整->校准，进入如图1-40所示的数据校准对话框。

步骤3：点击列表中的各个选项，弹出如图1-41所示输入框，输入正确的数据点击确定。在该界面中输入机器人轴的零点值（如从轴1到轴6分别为0，−90，180，0，90，0）。

笔记

图1-38 机械原点

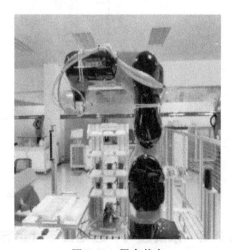

图1-39 零点状态

轴	初始位置
机器人轴1	0.0
机器人轴2	-90.0
机器人轴3	180.0
机器人轴4	0.0
机器人轴5	90.0
机器人轴6	0.0

轴数据校准：

图 1-40　轴数据校准对话框

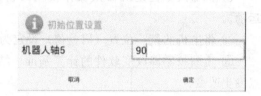

初始位置设置

| 机器人轴5 | 90 |

取消　　　确定

图 1-41　输入框

步骤 4：点击保存校准数据，保存数据，保存是否成功的状态会在状态栏显示。

注意

标准操作完成之后，系统可能提示"重启后生效"，请重启控制系统。

(5) 工业机器人回参考点操作

在图 1-42 所示手动运行界面下点击"显示->变量列表"，弹出如图 1-43 所示变量概览显示窗口，选择 JR [1]，点击"修改"，弹出图 1-44 所示手动修改坐标对话框，点击"move 到点"完成工业机器人回参考点的操作。

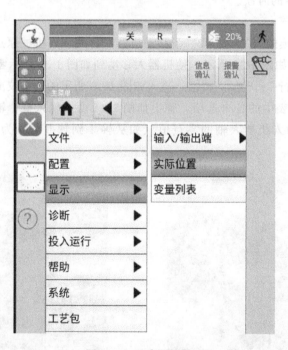

图 1-42　手动运行界面

1.3.6　系统通气、通电检测试运行

机器人搬运系统由工业机器人、外围的电气控制、气路控制部分组成。在执行操作

前，对系统整体的电、气路的通断一定要进行相应的检测试运行。

步骤1：工具准备及设备目视化清点，确认机器人与控制柜、电源电缆连接是否正常。

步骤2：安全通电检测按钮、急停按钮、传感器和控制信号的状态是否正常。

步骤3：开启气泵，检验气压是否不低于0.25MPa，气路是否存在漏气故障，吸盘是否能够正常吸取。

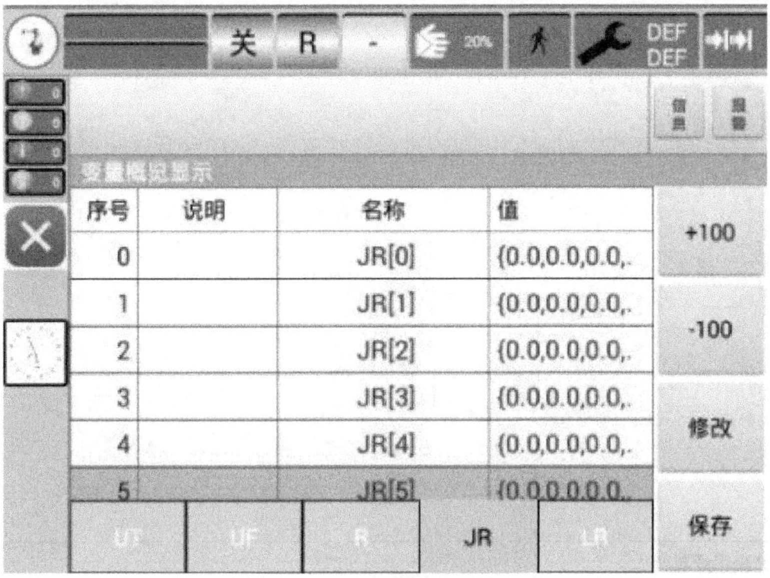

图 1-43　变量概览显示窗口

图 1-44　手动修改坐标对话框

实施评价 <<<<

项目	工业机器人认知			
学习任务	手动运行工业机器人		完成时间	
任务完成人	学习小组		组长	成员

1. 工业机器人的坐标系的种类和应用。

2. 启动、移动、停止工业机器人。

笔 记

分析评价	知识的理解（30%）	任务的实施（30%）	学习态度（纪律、出勤、卫生、安全意识、积极性、任务的学习情况等）（30%）	团队精神（责任心、竞争、比学赶帮超等）（10%）	考核总成绩（知识＋技能＋态度＋团队/任务内容项）
考核成绩					

理论习题 <<<

一、选择题

1. 坐标系指令分为（　　）指令和工具坐标系指令，在程序中可以选择定义的坐标系编号，在程序中切换坐标系。

A. 基坐标系　　　　　B. 轴坐标系　　　　　C. 世界坐标系　　　　　D. 机器人默认坐标系

2. 工具坐标系标定时，需使用默认的（　　）。

A. 工具坐标系　　　　B. 世界坐标系　　　　C. 关节坐标系　　　　D. 工件坐标系

3. 工具坐标系是以工具中心点作为零点，机器人的轨迹参照（　　）。

A. 工件的中心点　　　B. 工具中心点　　　　C. 基座的中心点　　　D. 外部轴的中心点

4. 控制面板中哪个选项不属于机器人手动示教操作模式（　　）。

A. 手动 T1 模式　　　B. 单步模式　　　　　C. 增量模式　　　　　D. 外部模式

5. 华数机器人的运行模式有四种，其中属于手动高速模式的是（　　）。

A. 自动模式　　　　　B. 外部模式　　　　　C. T1 模式　　　　　D. T2 模式

二、判断题

1. 机器人的工件坐标不一定是水平的，也可能是一个斜面。（　　）

2. 在自动模式下，点击界面开/关可设置使能开关状态。（　　）

3. 工业机器人连续运行方式下程序不停顿地运行，直至程序结尾。（　　）

4. 机器人的工作空间是指机器人手臂或手部安装点所能达到的所有空间区域，以及手部本身所能到达的区域。（　　）

5. 手动操作时，遇到紧急情况时，必须松开示教器使能器按钮，才能使机器人停下。（　　）

笔 记

项目 ②

工业机器人写字绘图

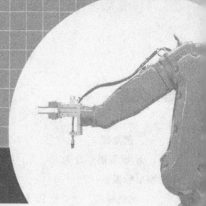

项目导读

本项目主要介绍工业机器人新建、编辑、加载运行程序，掌握指令的应用方法，实现斜面写字绘图的工作任务。

知识目标：

1. 掌握新建程序命名、编辑以及加载和运行；
2. 掌握指令的应用及含义；
3. 掌握程序的调试与运行；
4. 掌握工具、工件坐标标定和检验的方法。

技能目标：

1. 能够正确建立程序并编辑；
2. 能够正确运用指令；
3. 能够完成绘图程序的编写并能够正确加载。

素养目标：

1. 培养学生具备安全操作意识；
2. 培养学生具备团结协作精神；
3. 培养学生具备自主学习的能力。

知识结构

```
                                                    ┌─ 新建程序
                                                    ├─ 程序打开、编辑
                          ┌─ 新建、编辑和加载程序 ──┼─ 程序检查调试
                          │                         └─ 程序加载运行
                          │                         ┌─ 运动指令
工业机器人写字绘图 ───────┼─ 指令应用 ──────────────┼─ 延时指令
                          │                         └─ 坐标系指令
                          │                         ┌─ 工艺分析
                          └─ 工业机器人绘图编程 ────┼─ 运动规划示教前准备
                                                    ├─ 示教编程
                                                    └─ 调试运行
```

任务 2.1 新建、编辑和加载程序

任务描述

本任务要求掌握新建、编辑、修改程序的方法，能够实现程序的加载运行。

知识准备

2.1.1 程序的基本信息

程序是为使机器人完成某种任务而设置的动作顺序描述。在示教操作中，产生的数据（如轨迹数据、作业条件、作业顺序等）和机器人指令都将保存在程序中，当机器人自动运行时，将执行程序以再现所记忆的动作。

常见的程序编写方法有两种，示教编程方法和离线编程方法。示教编程方法是由操作人员引导，控制机器人运动，记录机器人作业的程序点，并插入所需的机器人命令来完成程序的编写。

离线编程方法是操作人员不对实际作业的机器人直接进行示教，而是在离线编程系统中进行编程或在模拟环境中进行仿真，生成示教数据，通过 PC 间接对机器人进行示教。示教编程方法包括示教、编辑和轨迹再现，可以通过示教器示教实现，由于示教方式实用性强，操作简便，因此大部分机器人都采用这种方法。本任务采用示教编程方法，在操作机器人实现搬运动作之前需新建一个程序，用来保存示教数据和运动指令。

程序的基本信息包括程序名、程序注释、子类型、组标志、写保护、程序指令和程序结束标志，如表 2-1 所示。

表 2-1 程序基本信息及功能

序号	程序基本信息	功　　能
1	程序名	用以识别存入控制器内存中的程序,在同一个目录下不能出现包含两个或更多拥有相同程序名的程序,程序名长度不超过 8 个字符,由字母、数字、下画线(＿)组成
2	程序注释	程序注释连同程序名一起用来描述选择界面上显示的附加信息,最长 16 个字符,由字母、数字及符号(＿、@、*)组成。新建程序后可在程序选择之后修改程序注释
3	子类型	用于设置程序文件的类型,目前本系统只支持机器人程序这一类型
4	组标志	设置程序操作的动作组,必须在程序执行前设置,目前本系统只有一个操作组,默认的操作组是组 1(1,＊,＊,＊,＊)
5	写保护	指定该程序可否被修改,若设置为"是",则程序名、注释、子类型、组标志等不可修改;若设置为"否",则程序信息可修改,当程序创建且操作确定后,可将此项设置为"是"来保护程序,防止他人或自己误修改
6	程序指令	包括运动指令,寄存器指令等示教中涉及的所有指令
7	程序结束标志	程序结束标志(END)自动显示在程序的最后一条指令的下一行。只要有新的指令添加到程序中,程序结束标志就会在屏幕上向下移动,所以程序结束标志总放在最后一行,当系统执行完最后一条程序指令后,执行到程序结束标志时,就会自动返回到程序的第一行并终止

笔记

2.1.2 程序的编辑、修改

（1）新建程序

步骤1：点开导航器，点击目录结构如图2-1所示，在目录结构中选定要在其中创建新文件夹的文件夹，按下新建。

图2-1　目录结构

步骤2：选择文件夹，给出文件夹的名称（HUITU）如图2-2所示，并按下确定。

图2-2　文件夹输入对话框

笔记

步骤3：在目录结构图2-2中选定要在其中建立程序的文件夹，按下新建。

步骤4：选择程序，输入程序名称（HUITU，名称不能包含空格），并按下"确定"即建立程序"HUITU"如图2-3所示。

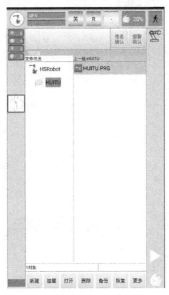

图2-3 建立程序

(2) 打开程序

可以选择或打开一个程序。之后将显示出一个程序编辑器，而不是导航器。在程序显示和导航器之间可以来回切换。

步骤1：在图2-4所示导航器中选中"HUITU"程序，并点击"打开"。

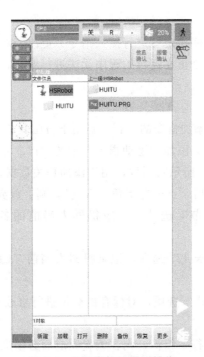

图2-4 示教器软件界面操作

笔 记

步骤2：如果选定了一个PRG程序，点击"确认"后可打开程序，编辑器中将显示该程序，如图2-5所示。

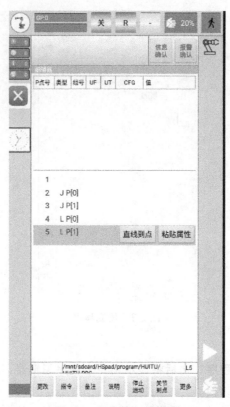

图 2-5　程序输入编辑器

（3）编辑程序

编辑程序是指可以对程序指定行进行插入指令、更改，对程序进行备注、说明，以及保存、复制、粘贴等。对一个正在运行的程序无法进行编辑，在外部模式下可以对程序进行编辑。编辑步骤如下。

步骤1：打开程序，调入编辑器。

步骤2：选择要在其后添加指令的一行，点击下方工具栏的"指令"，将弹出如图2-6所示指令单供选择，在这里，添加"运动指令"中的"J"。

步骤3：将弹出如图2-7所示对话框，用于添加相关数据。

步骤4：指令添加完成后，点击左下角"取消"，则会放弃指令添加操作。

选项1：点击"记录关节"选项，记录机器人当前的各个关节坐标值，并保存在P1中。

选项2：点击"记录笛卡儿"选项，记录机器人当前TCP在当前笛卡儿坐标系下的坐标值，并保存在P1中。

选项3：点击"手动修改"选项，对保存的数据进行修改。

（4）保存程序

如果对一个选定程序进行了编辑，则在编辑完成后必须进行保存才能进行加载，在程序加载后不能对程序进行更改。

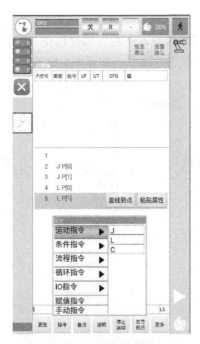

图 2-6 运动指令界面

图 2-7 程序调入编辑器

2.1.3 程序的检查与运行

(1) 程序检查

在程序编写完成后，首次运行程序前应先进行检查，以保证程序的正常运行。程序的编写和运行难以避免地会遇到错误。若程序有语法错误，则提示报警、出错程序及出错行号；若无错误，则检查完成。

(2) 加载程序

示教器在手动 T1、T2 或自动模式下均可选择程序并加载。操作步骤如下：

步骤 1：在导航器中选定程序并加载，如图 2-8 所示。

图 2-8　程序加载界面

步骤 2：编辑器中将显示该程序如图 2-9 所示。编辑器中始终显示相应的打开文件，同时会显示运行光标。

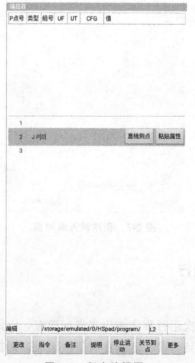

图 2-9　程序编辑器

步骤3：取消加载程序。注：选择编辑->取消加载程序或者直接按下取消加载。如果程序正在运行，则在取消程序选择前必须将程序停止。

(3) 自动运行程序

选定程序，自动运行方式（不是外部模式）操作步骤如下。

步骤1：切换运动模式时会自动设置为连续运行；

步骤2：点击使能按钮，直到使能状态变为绿色使能开的状态如图2-10所示；

步骤3：按下开始按键，程序开始执行；

步骤4：自动运行时，按下停止按键停止程序运行。

图2-10 连续运行下的使能模式

笔 记

实施评价 <<<

项目	工业机器人写字绘图				
学习任务	新建、编辑和加载程序			完成时间	
任务完成人	学习小组		组长	成员	

1. 写出新建"HUITU"程序的流程。

2. 写出手动、自动运行"HUITU"程序的步骤。

笔 记

分析评价	知识的理解（30%）	任务的实施（30%）	学习态度（纪律、出勤、卫生、安全意识、积极性、任务的学习情况等）(30%)	团队精神（责任心、竞争、比学赶帮超等）(10%)	考核总成绩（知识＋技能＋态度＋团队/任务内容项）
考核成绩					

任务 2.2 指令应用

任务描述

本任务要求掌握运动指令的含义、指令的调用、指令的使用以及指令之间的区别与联系，能够利用指令完成画图任务。

知识准备

2.2.1 运动指令

运动指令是机器人示教时最常用的指令，它以指定速度、特定路线模式等将工具实现从一个位置移动到另一个指定位置。在使用运动指令时需指定以下几项内容。

动作类型：指定采用什么运动方式来控制到达指定位置的运动路径。

机器人的动作类型有三种，即三种运动指令，点位之间的快速运动 J 和直线运动 L，以及画圆弧的 C 指令。运动指令编辑框如图 2-11 所示，运动指令的定义如表 2-2 所示。

图 2-11 运动指令编辑框

表 2-2 运动指令的定义

运动指令	指令说明	动作图示
快速定位指令 J	J 指令以单个轴或某组轴（机器人组）的当前位置为起点，移动某个轴或某组轴（机器人组）到目标点位置。移动过程不进行轨迹以及姿态控制，即关节运动	P1 P2
直线运动指令 L	L 指令以机器人当前位置为起点，控制其在笛卡儿空间范围内进行【直线运动】，常用于对轨迹控制有要求的场合。该指令的控制对象只能是【机器人组】	P1 P2
圆弧指令 C	C 指令以当前位置为起点，CIRCLEPOINT 为中间点，TARGETPOINT 为目标点，控制机器人在笛卡儿空间进行圆弧轨迹运动（三点成一个圆弧），同时附带姿态插补	P1 P2 P3

位置数据：指定运动的目标位置。

进给速度：指定机器人运动的进给速度。

定位路径：指定相邻轨迹的过渡形式，有以下两种形式。

(1) J 指令和 L 指令

J 指令用于选择一个点位之后，当前点机器人位置与选择点之间的任意运动，运动过程中不进行轨迹控制和姿态控制。

L 指令用于选择一个点位之后，当前点机器人位置与记录点之间的直线运动。

操作步骤：

① 选中需要插入的指令行的上一行。

② 选择指令→运动指令→J 或者 L。

③ 输入点位名称。

④ 配置指令的参数（不设置时为默认运动参数）。

⑤ 手动移动机器人到需要的姿态或位置。

⑥ 选中点位输入框，点击"记录关节"或者"记录笛卡儿坐标"，指令修改框右上方会显示记录的坐标。

⑦ 点击操作栏中的"确定"按钮，添加 J 指令/L 指令完成。

程序示例：

LBL[1]

J P[1] VEL＝100 ACC＝100 DEC＝100

L P[2] VEL＝800 ACC＝100 DEC＝100

GOTO LBL[1]

(2) C 指令

C 指令为圆弧指令，机器人示教圆弧的当前位置与选择的两个点形成一个圆弧，即三点成一个半圆。

操作步骤：

① 标定需要插入的指令行的上一行。

② 选择指令→运动指令→C。

③ 点击第一个位置点输入框，移动机器人到需要的姿态点或轴位置，点击"记录关节"或者"记录笛卡儿坐标"，记录圆弧第一个点完成。

④ 点击第二个位置点输入框，手动移动机器人到需要的目标姿态或位置。点击"记录关节"或者"记录笛卡儿坐标"，记录圆弧目标点完成。

⑤ 配置指令的参数。

⑥ 点击操作栏中的确定按钮，添加 C 指令完成。

程序示例：

J P[1]

C P[1] P[2] VEL＝600 ACC＝100 DEC＝100

2.2.2 延时指令

延时指令包括针对运动指令的 DELAY 指令和非运动指令的 SLEEP 指令两种。

(1) DELAY 指令

延时指令 DELAY 是针对指定的运动对象在运动完成后的延时时间，单位为 ms。DELAY 指令只对运动指令生效。若当前指定的运动对象无运动，则 DELAY 指令无效。

操作步骤如下。

步骤 1：选中需要延时行的上一行。

步骤 2：选择指令->延时指令->DELAY。

步骤 3：选择指定的运动对象（机器人或外部轴）。

步骤4：编辑 DELAY 后的延时时间。

步骤5：点击操作栏中的确定按钮，完成延时指令的添加。

DELAY 指令设置如图 2-12 所示。

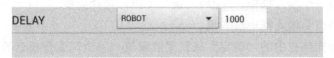

图 2-12 DELAY 指令设置

(2) SLEEP 指令

SLEEP 延时指令是针对非运动指令的延时指令，单位为 ms。SLEEP 指令只对非运动指令生效，对运动指令 SLEEP 无效。

操作步骤如下。

步骤1：选中需要延时行的上一行。

步骤2：选择指令->延时指令->SLEEP。

步骤3：编辑 SLEEP 后的延时时间。

步骤4：点击操作栏中的确定按钮，完成延时指令的添加。

SLEEP 指令设置如图 2-13 所示。

图 2-13 SLEEP 指令设置

在华数Ⅲ型控制系统中，存在运动指令（MOVE、MOVES、CIRCLE）和非运动指令（除运动指令之外的指令）两种类型的指令。这两种指令是并行执行的，并非执行完一条指令再执行下一条。请分析下列例子：MOVE ROBOT P1 D_OUT[30]＝ON。在这个例子中，第一条指令为运动指令，第二条指令为非运动指令。在系统中，这两条指令是并行执行的，也就是说，当机器人还未运动到 P1 点的时候，D_OUT[30]就有信号输出了。为了解决这个问题，需要控制系统执行完第一条指令后再执行下一条指令，此时就用 DELAY 指令。即等待运动对象 ROBOT 完成运动后再进行延时动作。所以上述例子应该改为：

MOVE ROBOT P1

DELAY ROBOT 100

D_OUT[30]＝ON

SLEEP 指令通常有两种应用场合。第一种在循环中使用，例如：

WHILE D_IN[30] ＜＞ ON SLEEP 10

2.2.3 坐标系指令

坐标系指令分为工件坐标系 UFRAME 和工具坐标系 UTOOL，在程序中可以选择定义的坐标系编号，在程序中切换坐标系，工具、工件号为0～15，默认坐标系统为－1。该指令用于程序调用工具、工件号（注：程序中记录点位，若使用了工具工件，需把工具工件坐标系添加至程序中）。

笔 记

操作步骤如下。

步骤1：选中需要添加寄存指令行的上一行。

步骤2：选择指令→赋值指令。

步骤3：在第一个输入框中，"全局变量"下拉框选择类型。

步骤4：在第二个输入框中输入值。

步骤5：点击操作栏中的"确定"按钮完成赋值——全局变量指令的添加。

程序示例：

```
LBL[1]
UFRAME_NUM=1
UTOOL_NUM=1
L_VEL =500
L_ACC =80
L_DEC =80
L P[1]′调用工具号 1 和工件号 2 和设置的全局直线运动参数
L P[2] VEL = 200 ACC = 60 DEC = 60  ′使用自己的直线速度、加速比、减速比
UFRAME_NUM = −1
UTOOL_NUM = −1
```

实施评价 <<<

项目	工业机器人写字绘图				
学习任务	指令应用			完成时间	
任务完成人	学习小组		组长		成员

1. 写出各个运动指令的区别。

2. 写出各个延时指令的区别。

分析评价	知识的理解（30%）	任务的实施（30%）	学习态度（纪律、出勤、卫生、安全意识、积极性、任务的学习情况等）(30%)	团队精神（责任心、竞争、比学赶帮超等）(10%)	考核总成绩（知识＋技能＋态度＋团队/任务内容项）
考核成绩					

笔 记

任务 2.3 工业机器人绘图编程

任务描述

本任务要求掌握工业机器人新建编辑程序，正确调用指令，完成工业机器人点位示教，正确加载调试程序，实现工业机器人自动写字绘图的任务。

知识准备

2.3.1 工件坐标标定

工件坐标标定时须选择默认工件坐标作为标定使用的参考坐标，如图 2-14 所示红色圆圈处。基坐标标定如图 2-15 所示。

图 2-14 默认工件、工具坐标

笔记

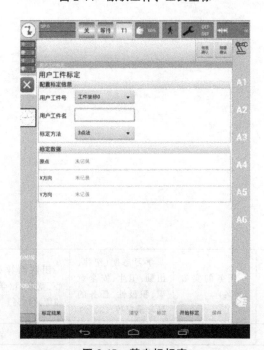

图 2-15 基坐标标定

步骤1：在菜单中选择投入运行→测量→用户工件标定。

步骤2：选择待标定的用户工件号，可设置用户工件名称。

步骤3：点击【开始标定】按钮。

步骤4：移动到基坐标原点，点击【原点】，获取坐标记录原点坐标。

步骤5：移动到标定基坐标的 X 方向的某点，点击【X方向】，获取坐标记录坐标。

步骤6：移动到标定基坐标的 Y 方向的某点，点击【Y方向】，获取坐标记录坐标。

步骤7：点击【标定】按钮，确定程序计算出标定坐标。

步骤8：点击【保存】按钮，存储工件坐标的标定值。

步骤9：切换到用户坐标系，选择标定的工件号，走 XYZ 方向，则会按标定的方向运动。

2.3.2 工具坐标标定

(1) 工具坐标四点法标定

将待测量工具的 TCP 从 4 个不同方向移向一个参照点。参照点可以任意选择。机器人控制系统从不同的法兰位置值中计算出 TCP。运动到参照点所用的 4 个法兰位置必须分散开足够的距离。工具坐标标定（图 2-16）时，须使用默认的工具坐标系，如图 2-14 所示，红色圆圈内的值需为 DEF。

步骤1：在菜单中选择投入运行→测量→用户工具标定。

步骤2：选择待标定的用户工具号，可设置用户工具名称。

步骤3：点击【开始标定】按钮。

步骤4：移动到标定的参考点 1 的某点，点击【参考点1】，获取坐标记录坐标。

步骤5：移动到标定的参考点 2 的某点，点击【参考点2】，获取坐标记录坐标。

步骤6：移动到标定的参考点 3 的某点，点击【参考点3】，获取坐标记录坐标。

步骤7：移动到标定的参考点 4 的某点，点击【参考点4】，获取坐标记录坐标。

步骤8：点击【标定】按钮，确定程序计算出标定坐标。

步骤9：点击【保存】按钮，存储工具坐标的标定值。

步骤10：切换到工具坐标系，选择标定的工具号，走 ABC 方向，则机器人工具 TCP 会绕着工件旋转。

(2) 工具坐标六点法标定

与四点法类似，六点法可以将工具的姿态给标定出来，记录点位时，第五个点和第六个点分别用来记录工具 z 轴上的点和 zx 平面上的点，具体方法参考四点法。

2.3.3 机器人写字绘图工艺分析

使用工业机器人完成搬运工作要经过 5 个主要工作环节，包括轨迹分析、运动规划、示教前的准备、示教编程、程序测试。

编程前需要先进行运动规划，运动规划是分层次的，先从高层的任务规划开始，然后动作规划再到手部的路径规划，最后是工具的位姿（位置和姿态的简称）规划。首先把任务分解为一系列子任务，这一层次的规划称为任务规划。然后再将每一个子任务分解为一系列动作，这一层次的规划称为动作规划。为了实现每一个动作，还需要对手部的运动轨迹进行必要的规划，这就是手部的路径规划及关节空间的轨迹规划。

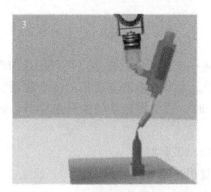
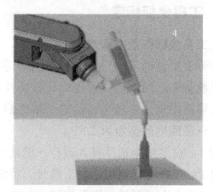

图 2-16　工具坐标标定

示教前需要调试工具，并根据所需要的控制信号配置 IO 接口信号，设定工具和工件坐标系。在编程时，在使用示教器编写程序的同时示教目标点。程序编好后进行测试，根据实际需要增加一些中间点。

工业机器人工作流程图如图 2-17 所示。

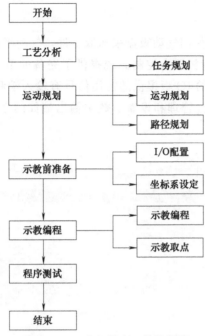

图 2-17　工业机器人工作流程图

2.3.4　绘图运动规划和示教前的准备

(1) 运动规划

机器人完成特定任务的动作可分解成为"目标点""移动目标点""下一目标点"等一系列子任务，还可以进一步分解为"目标点上方""过渡目标点""目标点""抬起目标点"等一系列动作，形成具体的任务流程。路径规划动作示意图如图 2-18 所示。

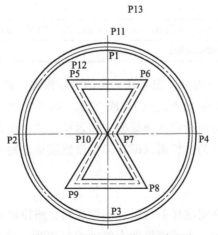

图 2-18　路径规划动作示意图

图 2-18 中，P13 点为工业机器人工作的准备点，默认为机器人原点位置。P11、P1、P12、P5 为机器人过渡点、落笔点、提笔的过渡点和直线落笔点，通常距离正常工作点正上方约 10～20mm 处，工业机器人绘画图形的轨迹路径如下：

P13->P11->P1->P2->P3->P4->P1->P11->P12->P5->P6->P7->P8->P9->P10->P5->P12->P13。

（2）示教前的准备

① I/O 配置。本任务中使用气动吸盘来抓取工件，气动吸盘的打开与关闭需通过 I/O 信号控制。HSR-JR 612 工业机器人控制系统提供了完备的 IO 通信接口，可以方便地与周边设备进行通信。本系统的 IO 板提供的常用信号有输入端和输出端，输入输出信号主要是对这些输入输出状态进行管理和设置。数字输出端如图 2-19 所示。数字输出端状态栏说明如表 2-3 所示。

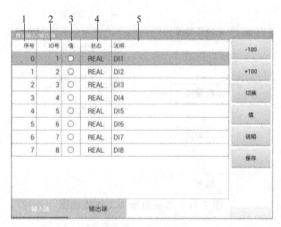

图 2-19　数字输出端

表 2-3　数字输出端状态栏说明

编号	说　　明
1	数字输入/输出序列号
2	数字输入/输出 IO 号
3	输入/输出端数值,如果一个输入或输出端为 TRUE,则被标记为红色。点击值可切换值为 TURE 或 FALSE
4	表示该数字输入/输出端为真实 IO 或者是虚拟 IO。真实 IO 显示 REAL,虚拟 IO 显示为 VIRTUAL
5	给该数字输入/输出端添加说明

② 坐标系设定。示教过程中，需要在一定的坐标模式（轴坐标、世界坐标、基坐标、工具坐标）下，选择一定的运动方式（T1 或 T2），手动控制机器人到达一定的位置。因此，在示教运动指令前，必须设定好坐标模式和运动模式，如果坐标模式为工具坐标或基坐标模式时，还需选定相应的坐标系（即任务中设置或标定的坐标系）。

2.3.5　绘图示教编程

为实现具体的任务，在完成任务规划、动作规划、路径规划后，确定工作区域，开始对机器人写字进行示教编程。为了使机器人能够进行再现，就必须用机器人的编程命令，将机器人的运动轨迹和动作编成程序，即示教编程，利用工业机器人的手动控制功能完成绘图动作，并记录机器人的动作。

(1) 新建程序

步骤1：点开导航器，点击目录结构如图2-20所示，在目录结构中选定要在其中创建新文件夹的文件夹，按下新建。

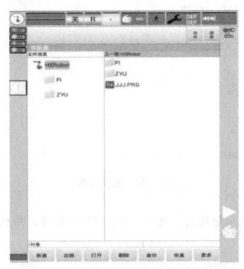

图2-20　目录结构

步骤2：选择文件夹，给出文件夹的名称（HUITU）如图2-21所示，并按下确定。

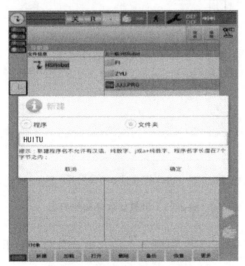

图2-21　文件夹名输入对话框

步骤3：在目录结构图中选定要在其中建立程序的文件夹，按下新建。

步骤4：选择程序，输入程序名称（HUITU，名称不能包含空格），并按下"确定"即建立程序"HUITU"如图2-22所示。

(2) 打开程序

可以选择或打开一个程序。之后将显示出一个程序编辑器，而不是导航器。在程序显示和导航器之间可以来回切换。

笔记

图 2-22　建立程序

步骤 1：在图 2-23 所示导航器中选中"HUITU"程序，并点击"打开"。

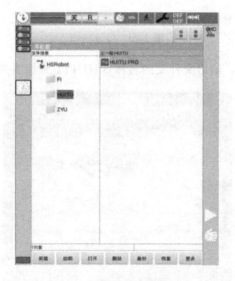

图 2-23　示教器软件操作界面

步骤 2：如果选定了一个 PRG 程序，点击"确认"后可打开程序，编辑器中将显示该程序，如图 2-24 所示。

（3）编辑程序

编辑程序是指可以对程序指定行进行插入指令、更改，对程序进行备注、说明，以及保存、复制、粘贴等。对一个正在运行的程序无法进行编辑，在外部模式下可以对程序进行编辑。编辑步骤如下。

步骤 1：打开程序，调入编辑器。

步骤 2：选择要在其后添加指令的一行，点击下方工具栏的"运动指令"，将弹出如

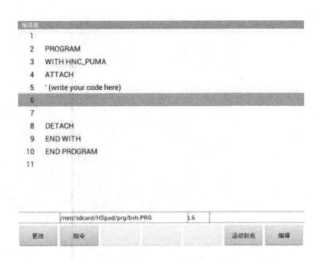

图 2-24 程序调入编辑器

图 2-25 所示指令单供选择，在这里，添加"运动指令"中的"J"。

图 2-25 运动指令界面

步骤 3：将弹出如图 2-26 所示对话框，用于添加相关数据。

步骤 4：指令添加完成后，点击左下角"取消"，则会放弃指令添加操作。

选项 1：点击"记录关节"选项，记录机器人当前的各个关节坐标值，并保存在 P1 中。

选项 2：点击"记录笛卡儿"选项，记录机器人当前 TCP 在当前笛卡儿坐标系下的坐标值，并保存在 P1 中。

选项 3：点击手动"修改"选项，对保存的数据进行修改。

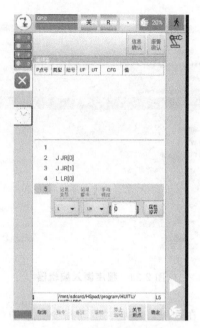

图 2-26 添加位置信息

(4) 示例程序

轨迹规划示例程序见表 2-4。

表 2-4 轨迹规划示例程序

程序	程序注释	轨迹图示
J P13 J P11 J P1 C＝P2 TARGETPOINT＝P3 C＝P4 TARGETPOINT＝P5 J P12	机器人从安全点出发， 移动画笔到正上方 落笔点 画圆弧 提笔 来到直线图形的正上方	
J P5 L P6 L P7 L P8 L P9 L P10 L P5 J P12 J P13	画六条直线 提笔 回安全点	

笔 记

（5）保存程序

如果对一个选定程序进行了编辑，则在编辑完成后必须进行保存才能进行加载，在程序加载后不能对程序进行更改。

（6）检查程序

在程序编写完成后，首次运行程序前应先进行检查，以保证程序的正常运行。程序的编写和运行难以避免地会遇到错误，若程序有语法错误，则提示报警、出错程序及出错行号，若无错误，则检查完成。

2.3.6 程序调试与运行

程序的编写和运行难免地会遇到错误，常见的错误有语法错误、程序控制逻辑错误、位置无法达到、加速度超限等运行错误等。为保证程序能安全正常运行，系统有序地测试程序就显得尤为重要，具体测试流程如图 2-27 所示。

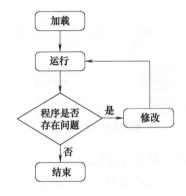

图 2-27 加载测试流程

（1）加载、启动绘图程序

① 加载程序。示教器在手动 T1、T2 或自动模式下均可选择程序并加载。操作步骤如下。

步骤 1：在导航器中选定程序"HUITU"并按加载。

步骤 2：编辑器中将显示该程序。编辑器中始终显示相应的打开文件，同时会显示运行光标。

步骤 3：取消加载程序。注：选择编辑->取消加载程序或者直接按下取消加载。如果程序正在运行，则在取消程序前必须将程序停止。

② 手动调试程序。本系统的程序运行主要有连续和单步两种方式，程序运行方式的含义如表 2-5 所示。在手动调试程序过程中建议选择单步运行方式，具体操作步骤如下。

表 2-5 程序运行方式的含义

程序运行方式	说　明
连续	程序不停顿地运行,直至程序结尾
单步	程序每次点击开始按钮之后只运行一行

步骤 1：选定程序，选择程序运行模式（T1 或者 T2)，如图 2-28 所示。

图 2-28　程序运行模式选择

步骤 2：选择程序运行模式为单步如图 2-29 所示。

图 2-29　单步程序运行模式的选择

步骤 3：按住使能开关，如图 2-30 所示，直到状态栏的使能状态显示为绿色开的状态。

图 2-30　使能开关

步骤 4：按下启动键，程序开始单步运行。

步骤 5：停止时，松开安全开关或者用力按下安全开关，或者按下停止按钮。

③ 自动运行绘图程序。选定程序，自动运行方式（不是外部模式）操作步骤如下。

步骤 1：切换运动模式时会自动设置为连续运行。

步骤 2：点击使能按钮，直到使能状态变为绿色使能开的状态如图 2-31 所示。

步骤 3：按下开始按键，程序开始执行。

步骤 4：自动运行时，按下停止按键停止程序运行。

图 2-31　连续运行模式下的使能控制

(2) 程序运行突发情况的处理

经过调试修改的程序在自动运行过程中，常会出现运动速度突变、误动作、启动了不同的程序等突发情况。因此在程序运行中，特别要注意以下突发情况的应对：

① 手动加载可单步运行，自动加载只能连续运行。

② 修改程序前必须先取消加载，停止运行程序。程序自动运行速度建议低于 75%，防止发生碰撞。

③ 调试运行过程中保持随时准备按下急停按钮的姿势。

④ 时刻保持与机器人的安全距离。

实施评价 <<<

项目	工业机器人写字绘图				
学习任务	工业机器人绘图编辑			完成时间	
任务完成人	学习小组		组长		成员

1. 利用工业机器人编写图示示例编程,实现工业机器人的自动写字,程序写到图下方。

2. 写出在示教编程中出现的问题并分析原因。

笔 记

分析评价	知 识 的 理 解 (30%)	任 务 的 实 施 (30%)	学习态度（纪律、出勤、卫生、安全意识、积极性、任务的学习情况等）(30%)	团队精神（责任心、竞争、比学赶帮超等）(10%)	考核总成绩（知识＋技能＋态度＋团队/任务内容项）
考核成绩					

理论习题 <<<

一、选择题

1. 坐标系指令分为（　　　）指令和工具坐标系指令，在程序中可以选择定义的坐标系编号，在程序中切换坐标系。

A. 基坐标系　　　　B. 轴坐标系　　　　C. 世界坐标系　　　　D. 机器人默认坐标系

2. 工具坐标系标定时，需使用默认的（　　　）。

A. 工具坐标系　　　B. 世界坐标系　　　C. 关节坐标系　　　D. 工件坐标系

3. 工具坐标系是以工具中心点作为零点，机器人的轨迹参照（　　　）。

A. 工件的中心点　　B. 工具中心点　　　C. 基座的中心点　　　D. 外部轴的中心点

4. 示教器编程时，下列表示华数机器人运动速度的选项为（　　　）。

A. BLENDINGFACTOR＝0　　　　　B. vel＝100

C. tool2　　　　　　　　　　　　　D. default

5. 工业机器人备份数据具有（　　　）。

A. 唯一性　　　　　B. 通用性　　　　　C. 标准性　　　　　D. 统一性

二、判断题

1. 机器人的工件坐标不一定是水平的，也可能是一个斜面。（　　　）

2. 在自动模式下，点击界面开/关可设置使能开关状态。（　　　）

3. 工业机器人连续运行方式下程序不停顿地运行，直至程序结尾。（　　　）

4. 使用4点法定义TCP，定义出来的TCP的方向和默认的tool0的方向是一致的。（　　　）

5. 在编写程序时需要选择合适的工具坐标和工件坐标。（　　　）

笔记

项目 ③

工业机器人搬运物料

项目导读

　　本项目通过介绍程序结构以及程序体的相关知识，掌握指令的应用方法，实现搬运物料的工作任务。

知识目标：

1. 掌握程序结构、参数的设定以及程序的备份与恢复；

2. 掌握指令的应用及含义；

3. 掌握搬运的运动规划与示教。

技能目标：

1. 能够进行搬运轨迹规划与示教；

2. 能够正确运用指令；

3. 能够正确完成斜面搬运。

素养目标：

1. 培养学生具备安全操作意识；

2. 培养学生具备团结协作精神；

3. 培养学生具备自主学习的能力。

知识结构

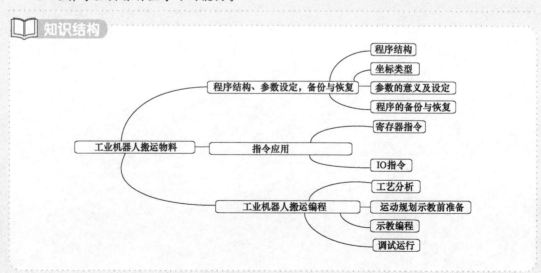

任务 3.1 程序的结构、参数设定、备份与恢复

任务描述

本任务要求掌握程序的结构、参数设定、程序的备份与恢复，以及能够定义常用的快捷键。

知识准备

3.1.1 定义键的功能和使用方法

定义按键只能在手动 T1 和 T2 模式下使用，在自动模式和外部模式下，不能使用。

示教器提供左侧 4 个辅助按键，用于用户自定义按键操作，可配置按键按下后输出的指令，当要启用此功能时，需要打开使能开关。当选择为工艺包时，辅助按键不可手动输入，只能从工艺包中获取，不能手动配置命令。辅助按键定义如图 3-1 所示。

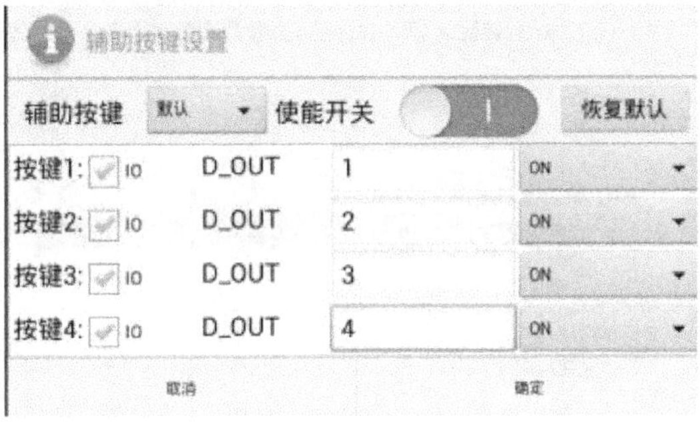

图 3-1 辅助按键定义

操作步骤如下。

步骤 1：在主菜单选择配置->机器人配置->辅助按键。将显示出辅助按键定义窗口。

步骤 2：定义辅助按键。

步骤 3：使能打开后，示教器左侧会出现对应按钮，点击辅助按键执行对应操作或者发送响应命令。

✎ 笔记

3.1.2 程序编辑界面和程序结构

（1）程序编辑界面

示教器软件操作界面如图 3-2 所示。如果选定了一个 PRG 程序，点击"确认"后可打开程序，编辑器中将显示该程序，如图 3-3 所示。

（2）机器人程序结构

华数Ⅲ型控制系统供用户使用的程序仅有一种：PRG 文件，其中支持 PRG 程序调用其他的 PRG 程序，即调用方则为【主程序】，被调用方则为【子程序】。机器人程序结构图如表 3-1 所示。

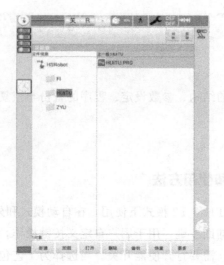

图 3-2　示教器软件操作界面

```
1
2   PROGRAM
3   WITH HNC_PUMA
4   ATTACH
5   ' (write your code here)
6
7
8   DETACH
9   END WITH
10  END PROGRAM
11
```

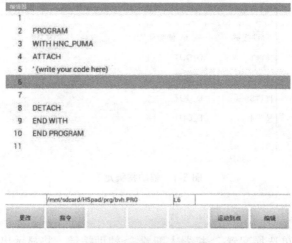

图 3-3　程序调入编辑器

表 3-1　程序结构图

程序模块	功　能	示　例
轴初始化	绑定业务层及轴组	\<attr\> VERSION：0 GUOUP：[0] \<end\>
变量申明	定义坐标变量，声明变量	\<pos. P[1]{GP：0, UF：-1, UT：-1, INT：[0, 0, -89.998, 180.001, 0.001, 89.994, 0.001, 0.0, 0.0, 0.0]} P[2]{GP：0, UF：-1, UT：-1, CFG：[0, 0, 0, 0, 0, 1], LOC：[286.522, 0.0, 232.473, 179.999, 0.0, 179.999, 0.0, 0.0, 0.0, 0.0]} \<end\>

笔记

续表

程序模块	功　能	示　　例
主程序	添加语句块	＜Program＞ LBL[1] MOVE ROBOT P1 VEL=50 MOVES ROBOT P2 VEL=50 C JR[1] LR[1] VEL=50 GOTO LBL[1]

（3）坐标类型

① 关节坐标。定义一个变量 P［1］点，关节式坐标，含义如下。

P[1]{GP:0,UF:−1,UT:−1,JNT:[0.0,−90.0,180.0,0.001,90.0,0.0,0.0,0.0,0.0]};

② 笛卡儿坐标。定义一个变量 P［2］点，笛卡儿坐标，含义如下。

P[2]{GP:0,UF:−1,CFG:[0,0,0,0,0,1],LOC:[286.509,0.0,232.473,180.0,0.0,180.0,0.0,0.0,0.0]};

3.1.3　工业机器人运动参数的设置

在大量重复物料的搬运过程中可以通过提高工业机器人的运行速度提高工作效率，但是为保证放置的准确性，在吸、放置物料时又必须降低机器人的运行速度以减小惯性对吸、放物料的影响。因此，对机器人的运动指令进行灵活的参数设置能大大提升搬运的效率。

运动指令包含了几个可选的运动参数，VEL 指的是运动速度，ACC 指的是加速比，DEC 指的是减速比，VROT 指的是姿态速度。参数设置后，仅针对当前运动有效，该运动指令行结束后，将恢复到默认值的状态。运动参数的设置可以使用赋值指令，用法可参考如下。

J_VEL＝1～100	'设置关节运动速度
J_ACC＝1～100	'设置关节运动加速比
J_DEC＝1～100	'设置关节运动减速比
L_VEL＝1～1000	'设置直线运动速度
L_ACC＝1～100	'设置直线运动加速比
L_DEC＝1～100	'设置直线运动减速比
L_VROT＝1～100	'设置直线姿态速度

圆弧运动指令参数也包括：C_VEL、C_ACC、C_DEC、C_VROT。

关节运动指令程序示例如表 3-2 所示。

表 3-2　程序示例

语句	指令名称	功　能	变量类型
LBL[888]	标签指令		
J_VEL＝100	赋值指令	设置关节速度为 100	全局
J_ACC＝100	赋值指令	设置关节加速比为 100	全局
J_DEC＝100	赋值指令	减速比设置为 100	全局
J P[1]	关节运动指令	使用全局设置参数关节运动到 P1 点	全局
J P[2] VEL＝50 ACC＝50 DEC＝50	关节运动指令	使用自己设置的参数关节运动到 P[2]点	全局
J P[3] VEL＝50	关节运动指令	使用自己的 VEL 参数关节运动到 P[3]点	全局的 ACC 和 DEC
GOTO LBL[888]	跳转回标签		

笔记

3.1.4　工业机器人系统备份与恢复的方法

设置示教器的备份还原参数，备份路径一般选择为 U 盘，表示当前示教器的程序备份的位置，在程序导航界面选择要备份的文件或者文件夹，点击备份即可；还原路径一般设置为 U 盘，表示程序从哪里恢复到示教器，当需要导入其他机器人或者电脑编写的 PRG 程序，插上 U 盘，在程序导航界面可以选择需要恢复的程序，此处应该注意，程序存储位置应为 U 盘的根目录，点击恢复按钮即可恢复到设置的路径。备份还原设置如图 3-4 所示。

注意

备份文件已存在，还原文件已处于设置的目录下。

图 3-4 备份还原设置

操作步骤如下。

步骤1：设置备份还原路径。选择主菜单->文件->备份还原设置，选择备份和还原的路径为 U 盘或者默认路径。点击左下角默认设置按键，同时设置备份和还原路径为默认。在 Super 下可手动输入备份还原路径。

步骤2：选择将要备份的文件，点击备份，点击提示框中的确认按钮完成备份。

步骤3：还原文件。如果从 U 盘导入则需要先插入 U 盘。点击恢复按钮，提示框会列出所有设置路径下的 PRG 文件。选择需要恢复的选项，点击确定按钮即完成文件还原。

实施评价 <<<<

项目	工业的机器人搬运物料				
学习任务	程序的结构、参数设定、备份与恢复			完成时间	
任务完成人	学习小组		组长	成员	

1. 简述程序结构中程序模块的功能。

2. 程序还原和备份的注意事项和步骤是什么?

3. 运动参数有哪些? 分别有何意义?

分析评价	知识的理解（30%）	任务的实施（30%）	学习态度（纪律、出勤、卫生、安全意识、积极性、任务的学习情况等）(30%)	团队精神（责任心、竞争、比学赶帮超等)(10%)	考核总成绩（知识＋技能＋态度＋团队/任务内容项)
考核成绩					

任务 3.2 指令应用

任务描述

本任务要求掌握 IO 指令和寄存器指令的含义、指令的调用、指令的应用场合，能够灵活运用指令完成典型工作任务。

知识准备

3.2.1 IO 指令

在工业机器人的程序控制中，工业机器人需要与外部设备之间有信息的交互，在编程的语句使用中有输入输出指令的控制，即 IO 指令，它包括 IO 操作、条件等待 WAIT 指令和睡眠 WAIT TIME 指令。

(1) DO 指令

DO 指令可用于给当前的 I/O 端口赋值为开（ON）或是关（OFF），也可以用于在 DI 和 DO 之间进行相互传递数值。

操作步骤如下。

步骤 1：选择需要添加 DO 指令行的上一行。

步骤 2：选择指令->IO 指令->DO。

步骤 3：在第一个输入框中输入 IO 序号。

步骤 4：在第二个选择框选择相应的值或者 IO，如果选择 IO 的情况，则需要在对应的输入框中输入相应 IO 的序号。

步骤 5：点击操作栏中的"确定"按钮，就可以完成添加 IO 指令。

(2) WAIT 指令

WAIT 指令可用于阻塞等待一个指定信号，比如：DI、DO、R、TIME。

WAIT TIME 指令则是用在等待一段睡眠时间，单位为毫秒（ms）。

步骤 1：选择需要添加 WAIT 指令行的上一行的位置。

步骤 2：在一个选择框中选择任一个等待的信号：DI、DO、R、TIME（单位是 ms），输入相应的值。

步骤 3：点击操作栏中的"确定"按钮，完成添加 WAIT 指令。

示例程序：

WAIT R[1]=1
J P[1] VEL=100
DO[1]=ON
DO[2]=OFF
WAIT TIME=100
J P[2] VEL=100

3.2.2 寄存器指令

寄存器指令用于寄存器赋值更改等，包含浮点型的 R 寄存器，关节作坐标类型的 JR

寄存器，笛卡儿类型的 LR 寄存器，其中 R 寄存器有 300 个可供用户使用，JR 与 LR 寄存器有 300 个。一般情况下，用户将预先设置的值赋值给对应索引号的寄存器，如：R[0]＝1，JR[0]＝JR[1]，LR[0]＝LR[1]，寄存器可以直接在程序中使用。添加寄存器操作界面如图 3-5 所示。

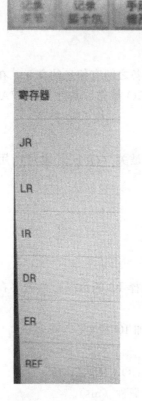

图 3-5　添加寄存器操作界面

寄存器指令包含 R[]、JR[]、LR[]、JR[][]、LR[][]、P[]、P[][]，具体操作步骤如下。

步骤 1：选中需要添加寄存指令行的上一行。

步骤 2：选择指令→赋值指令。

步骤 3：在第一个输入框中，"寄存器"下拉框选择寄存器类型。

步骤 4：输入框中输入寄存器索引号。

步骤 5：在第二个输入框中重复步骤 3～4。

步骤 6：点击操作栏中的"确定"按钮完成赋值——寄存器指令的添加。

程序示例：

R[1]＝1

R[1]＝R[2]

R[1]＝R[1]＋1

R[1]＝DI[1]

R[1]＝DO[1]

R[1]＝JR[0][0]＋LR[0][1]＊R[2]－(R[3]/2＋R[4])

JR[1]＝JR[2]

JR[1]＝JR[1]＋JR[2]

JR[1][1]＝JR[1][R[1]]＊2

JR[1][1]＝JR[1][1]＊R[2]

JR[R[1]][R[2]]＝JR[1][0]－R[1]

注：JR[0][0]指的是JR寄存器索引[0]的第一个值，即"0"。如：JR[0]＝{0，－90，180，0，90，0}

实施评价 ‹‹‹‹

项目	工业的机器人搬运物料				
学习任务	指令的使用			完成时间	
任务完成人	学习小组		组长	成员	

1. 简述 IO 指令有哪些，如何应用。

2. 简述寄存器指令的种类，并利用两种寄存器指令完成四块物料的搬运编程，程序写到下面。

笔 记

分析评价	知识的理解（30%）	任 务 的 实 施（30%）	学习态度（纪律、出勤、卫生、安全意识、积极性、任务单的学习情况等）(30%)	团队精神（责任心、竞争、比学赶帮等）(10%)	考核总成绩（知识＋技能＋态度＋团队/任务内容项）
考核成绩					

任务 3.3　工业机器人搬运编程

任务描述

本任务要求能够进行工业机器人搬运任务分析，完成工业机器人搬运的轨迹规划与点位示教，正确加载调试程序，实现工业机器人搬运任务。

知识准备

3.3.1　机器人搬运工艺分析

机器人搬运是指物料在生产工序、工位之间进行运送转移，以保证连续生产的搬运作业。采用科学合理的搬运方式和方法，不断进行搬运分析，改善搬运作业，避免产品在搬运过程中因搬运手段不当，造成磕、碰、伤，从而影响产品质量。为了有效地组织好物料搬运，必须遵循以下搬运原则。

① 物料移动产生的时间和地点要有效，否则移动不但毫无意义，不被视为增值反而是一种浪费。

② 物料的移动需要对物料的尺寸、形状、重量条件，以及移动路径和频度进行分析，还需要考虑传送带和建筑物的约束，如地面负荷、立柱空间、场地净高等。

③ 不同的物料需要选择合适的搬运方法、搬运工具和搬运轨迹。

④ 可以采用先进的技术手段提高搬运效率。如自动识别系统，便于物料搬运系统对正确物料的抓取、摆放控制，出错率低，速度快，精度高。

⑤ 搬运应按顺序，以降低成本，避免迂回往返等。这体现合理化的概念，优良的搬运路线可以减少机器人搬运工作量，提高搬运效率。

⑥ 示教取点过程中，保证抓取工具与物料的间隙，避免碰撞、损坏产品。可在移动过程中设置中间点，提供缓冲。

⑦ 减少产品移动方位的不确定性，使产品按期望的方位移动。有特殊要求的产品尤其要考虑产品移动的方位。

⑧ 在追求效率的同时，要考虑搬运质量，防止损坏产品，区分设置快速移动和缓慢移动，合理提高搬运效率。

⑨ 节拍是衡量物料装配线的重要性能指标，优化节拍可以保证装配线的连续性和均衡性。减少传送带的中断时间，保证生产节拍的稳定性，保持生产连续，缩短生产周期，提高生产效率。

3.3.2　路径规划与示教前的准备

(1) 搬运动作规划

工业机器人的搬运是指物料在物料放置架和物料放置架之间进行运送和转移，为避免在搬运过程中出现碰撞、干涉、掉件等意外。工业机器人搬运的动作分解为抓取物料、移动物料、放下物料。关键点位对应的动作规划如表3-3所示。

笔 记

表 3-3 关键点位动作规划表

序号	标号	名称	动作
1	P0	原始点	机器人工作准备
2	P1	取料过渡点	取料姿态准备
3	P2	取料点	抓取物料
4	P3	放料过渡点	放料姿态准备
5	P4	放料点	放下物料

（2）搬运路径规划

工业机器人在运动的过程中主要是进行关节和直线运动，可按照图 3-6 的参考路径进行动作。

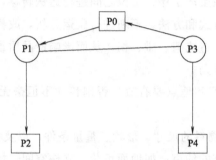

图 3-6 路径进行动作示意图

图 3-6 中，P0 点为工业机器人工作的准备点，默认为机器人原点位置。P1、P3 为机器人抓取、放下物料的过渡点，通常距离正常工作点正上方约 10～20mm 处，工业机器人一个搬运过程的路径为 P0->P1->P2->P1->P3->P4->P3->P0。

（3）程序流程规划

根据工业机器人路径的规划及相对应的动作要求，规划程序流程图如图 3-7 所示。

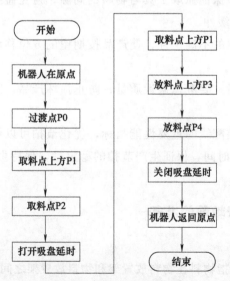

图 3-7 规划程序流程图

3.3.3 搬运编程

工业机器人能够实现搬运任务的再现，就要把工业机器人的运动路径编写成程序，前面已经完成对搬运任务的任务规划、路径规划和运动的轨迹。搬运程序如表 3-4 所示。

表 3-4 搬运程序

程序	程序注释	搬运图示
J[P0]	机器人从安全点出发	
J[P1]	移动吸盘到抓取点正上方	
J[P2]	抓取点	

续表

程序	程序注释	搬运图示
DELAY 1000	延时 1s	
DO[12]=ON	工具抓取工件	
DELAY 1000	延时 1s	
J[P1]	抓取工件到正上方	
J[P3]	移动机器人到放置点正上方	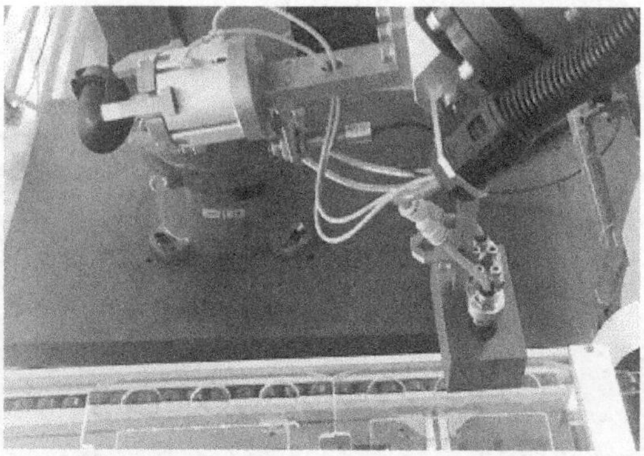

笔 记

续表

程序	程序注释	搬运图示
J[P4]	放置点	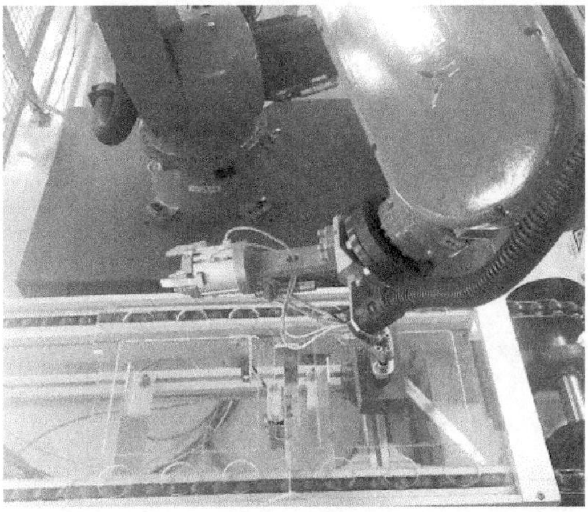
DELAY 1000	延时 1s	
DO[12]=OFF	工具放置工件	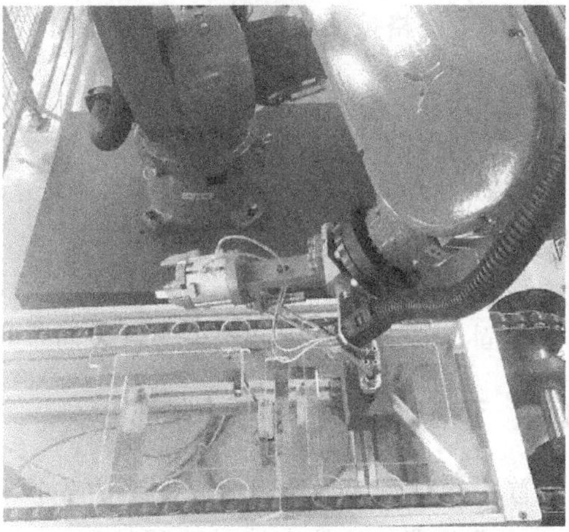
DELAY 1000	延时 1s	
J[P3]	移动机器人到放置点正上方	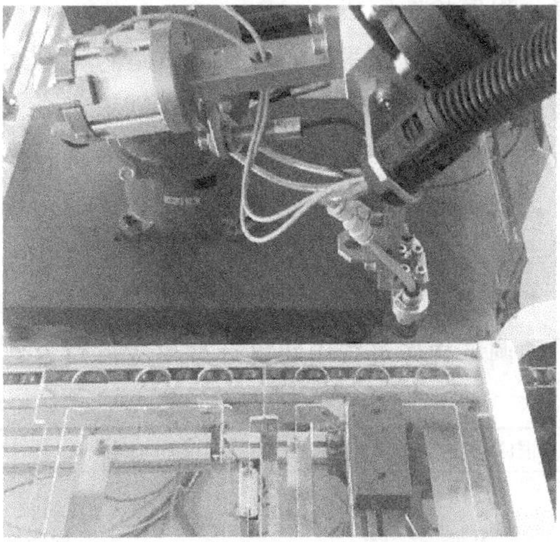

笔　记

续表

程序	程序注释	搬运图示
J[P0]	机器人回安全点	

步骤 1：新建名为"BY01"的搬运文件夹。

步骤 2：新建或打开名为"BY01"的搬运程序。

步骤 3：严格按照程序流程图编辑并保存程序。

注意

在对程序完成编辑和修改后，要对该程序段进行保存才能加载运行。在程序加载后就不能再对程序进行修改。

步骤 4：按照关键点位动作规划表手动示教 P0-P4 点并记录位置信息。为保证吸盘吸取动作牢固，要求吸盘一定要与物料表面垂直接触。

3.3.4 程序调试与运行（单步）

在首次运行新编写的程序之前，应先执行程序检查，以保证程序的正常运行。HSR-JR 603 工业机器人系统支持对编写的程序进行语法检查，若程序有语法错误，则提示报警号、出错程序及错误行号，错误提示信息中括号内的数据为报警号。若程序没有错误，则提示程序检查完成。

加载已编好的程序，若想先试运行单个运行轨迹，可选择"指定行"选项，输入试运行指令所在的行号，系统自动跳转到该指令。单击修调值修改按钮"＋"和"－"将程序运行时的速度倍率修调值增加或减小。选择单步运行模式，单击"启动"按钮，试运行该指令，机器人会根据程序指令进行相关的动作。根据机器人实际运行轨迹和工作环境需要可适当添加中间点。

本系统的程序运行主要有连续和单步两种方式，程序运行方式的含义如表 3-5 所示。在手动调试程序过程中建议选择单步运行方式，具体操作步骤如下。

表 3-5 程序运行方式的含义

程序运行方式	说　明
连续	程序不停顿地运行
单步	程序每次点击开始按钮之后只运行一行

步骤1：选定程序，选择程序运行模式（T1或者T2），如图3-8所示。

图3-8 程序运行模式选择

步骤2：选择程序运行模式为单步如图3-9所示。

步骤3：拖动使能开关，使如图3-10所示状态栏的使能状态显示为绿色开的状态。

步骤4：按下启动键，程序开始单步运行。

步骤5：停止时，松开安全开关或者用力按下安全开关，或者按下停止按钮。

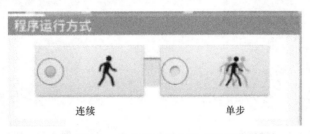

图3-9 单步程序运行模式选择

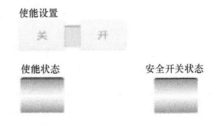

图3-10 使能开关

自动程序运行模式选择如图3-11所示，设置自动运行方式（不是外部模式）操作步骤如下。

图3-11 自动程序运行模式选择

步骤1：切换运动模式时会自动设置为连续运行。

步骤2：点击使能按钮，直到使能状态变为绿色，使能开的状态如图3-10所示。

步骤3：按下开始按键，程序开始执行。

步骤4：自动运行时，按下停止按键停止程序运行。

笔 记

实施评价 <<<

项目	工业机器人搬运物料				
学习任务	工业机器人搬运编程			完成时间	
任务完成人	学习小组		组长		成员

1. 完成如图 3-12、图 3-13 所示物料的斜面搬运,程序写到下方空白处。

图 3-12 物料搬运的原始状态

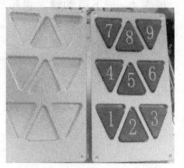

图 3-13 物料搬运的目标状态

2. 写出在示教编程中出现的问题并分析原因。

笔 记

分析评价	知识的理解 (30%)	任务的实施 (30%)	学习态度(纪律、出勤、卫生、安全意识、积极性、任务的学习情况等)(30%)	团队精神(责任心、竞争、比学赶帮超等)(10%)	考核总成绩(知识+技能+态度+团队/任务内容项)
考核成绩					

理论习题 <<<

一、选择题

1. 机器人经常使用的程序可以设置为主程序，每台机器人可以设置（   ）主程序。

A. 1　　　　　　　　B. 5　　　　　　　　C. 3　　　　　　　　D. 无限

2. 手部的位姿是由（   ）构成的。

A. 姿态与位置　　　B. 位置与速度　　　C. 位置与运行状态　　D. 姿态与速度

3、位置等级是指机器人经过示教的位置时的接近程度，设定了合适的位置等级时，可使机器人运行出与周围状况和工件相适应的轨迹，其中位置等级（   ）。

A. CNT 值越小，运行轨迹越精准　　　B. CNT 值大小，与运行轨迹关系不大

C. CNT 值越大，运行轨迹越精准　　　D. 只与运动速度有关

4. 机器人轨迹控制过程需要通过求解（   ）获得各个关节角的位置控制系统的设定值。

A. 运动学逆问题　　B. 运动学正问题　　C. 动力学正问题　　D. 动力学逆问题

5. 通常对机器人进行示教编程时，要求最初程序点与最终程序点的位置（   ），可提高工作效率。

A. 相同　　　　　　B. 不同　　　　　　C. 无所谓　　　　　　D. 分离越大越好

二、判断题

1. 机器人轨迹泛指工业机器人在运动过程中所走过的路径。（   ）

2. 轨迹规划与控制就是按时间规划和控制手部或工具中心走过的空间路径。（   ）

3. 轨迹插补运算是伴随着轨迹控制过程一步步完成的，而不是在得到示教点之后，一次完成，再提交给再现过程的。（   ）

4. 在机器人运行过程中，我们可以监控 TCP 的运动轨迹以及运动速度，以便进行性能分析。（   ）

5. 工业机器人的最大工作速度通常是指机器人手臂末端的最大速度。（   ）

笔 记

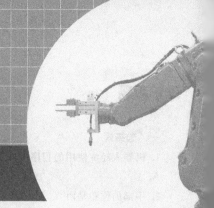

项目 **④**

工业机器人码垛

项目导读

    本项目主要介绍工业机器人码垛的应用与实现，掌握程序调用、流程指令的应用方法，实现典型工作任务。

知识目标：

1. 掌握码垛基本要求；
2. 掌握程序调用指令；
3. 掌握流程指令。

技能目标：

1. 能够正确使用程序调用指令；
2. 能够正确使用流程指令；
3. 能够完成码垛路径规划与示教；
4. 能够完成码垛程序的编写并调试运行。

素养目标：

1. 培养学生具备安全操作意识；
2. 培养学生具备团结协作精神；
3. 培养学生具备自主学习的能力。

知识结构

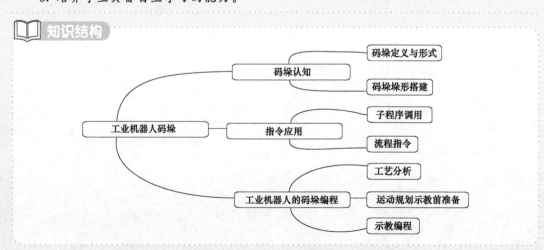

任务 4.1 码垛认知

本任务要求了解码垛定义、码垛分类和码垛方法。

4.1.1 码垛的定义与形式

(1) 码垛定义

所谓码垛就是按照集成单元化的思想，将一件件的物料按照一定的模式堆码成垛，以便使单元化的物垛便于存储、搬运、装卸运输等物流活动。作为物流自动化领域的一门新兴技术，近年来，码垛技术获得了飞速的发展。一方面，随着企业的集团化生产能力的规模化，对码垛的工作要求不断提高，传统的在线式码垛也在向高速化方向发展；另一方面，由于企业产品由卖方市场变成了买方市场，企业生产正在向着多品种少批量方向发展，往往需要一些多产品的生产线，这就要求作为后处理设备的码垛设备，具有处理多种类型和形状产品的能力。

(2) 码垛形式

① 人工码垛。人类在很久以前就以人工码垛的形式完成码垛作业了。在现代生产中，人工码垛常常存在。在物料轻便、尺寸和形状变化大、吞吐量小的场合，采用人工码垛方案，常常是经济可取的，特别是在人力资源丰富的我国，这些应用场合基本上都是采用人工码垛的。然而，在吞吐量恒定的情况下，长时间地进行人工码垛作业常常会造成弯腰疲劳和重复劳动疲劳，从人机工程学的角度考虑，需要增加一些符合人机工程学方面的设施，例如托盘操纵机、剪式升降台、工业操作机械手等。

② 在线码垛。在线式码垛机在工作时，通过排层输送机成排输送。一般地，每层由两排组成推板先将第一排推到中部缓冲区，然后推板回到起点等待，当第二排形成后，推动第二排前进，当第二排碰到第一排后，第一排受推，直到整层送到滑板门或升降车上。之后，通过一定的装置将成层物料叠放在托盘上或其他层料上。根据进料位置的高低，可将在线式码垛机分为高位式和低位式两种。对于低位式来说，物料以接近地面的高度送入，成层后的物料放在升降车上，通过升降车的升降运动将层料送到相应的高度，再通过移动小车将层料叠放在托盘或其他层料上，这种码垛机易于进行监视，叉车操作员能够在移走满垛和添加空托盘的同时监视其运行。对于高位式来说，物料通过爬坡输送机提高其输入高度，编层后的物料放在滑板门上，通过层降或连续降的方式将层料叠放在托盘上或其他层料上，为了监视堵料或其他意外情况的发生并采取相应的措施，操作员必须走到监视台上去，因此不易操作。

③ 机器人码垛。近年来，机器人码垛技术发展甚为迅猛，这种发展趋势是和当今制造领域出现的多品种少批量的发展趋势相适应的，机器人码垛机以其柔性工作能力和小占地面积，能够同时处理多种物料和码垛多个料垛，愈来愈受到广大用户的青睐并迅速占据码垛市场。根据机械结构的不同，机器人码垛机包括如下三种形式：笛卡儿式、旋转关节

式和龙门起重架式。笛卡儿式机器人码垛机主要由四部分组成：立柱、X 向臂、Y 向臂和抓手，以四个自由度（包括三个移动关节和一个旋转关节）完成对物料的码垛。这种形式的码垛机构造简单，机体刚性较强，可搬重量较大，适用于较重物料的码垛。旋转关节式机器人码垛机绕机身旋转，包括四个旋转关节：腰关节、肩关节、肘关节和腕关节。这种形式的码垛机是通过示教的方式实现编程的，即操作员手持示教盒，控制机器人按规定的动作而运动，于是运动过程便存储在存储器中，以后自动运行时可以再现这一运动过程。这种机器人机身小而动作范围大，可同时进行一个或几个托盘的同时码垛，并且非常灵活。将机器人手臂装在龙门起重架上称为龙门架式桁架机器人，这种桁架机器人具有较大的作业规模，能够抓取较重的物料。其结构如字眼所说，就像个龙门，将轨道平铺于地面，在两头装有电机，拖动机器人在轨道上来回移动，现在龙门式为了安装更加的精准，采用变频电机和伺服驱动。

4.1.2 码垛垛形搭建

(1) 码垛的基本原则

① 分类存放。分类存放是仓库储存规划的基本要求，是保证物品质量的重要手段，因此也是堆码需要遵循的基本原则。

a. 不同类别的物品分类存放，甚至需要分区、分库存放；

b. 不同规格、不同批次的物品也要分位、分堆存放；

c. 残损物品要与原货分开；

d. 对于需要分拣的物品，在分拣之后，应分位存放，以免混淆。

此外，分类存放还包括不同流向物品、不同经营方式物品的分类分存。

② 选择适当的搬运活性。为了减少作业时间、次数，提高仓库物流速度，应该根据物品作业的要求，合理选择物品的搬运活性。对搬运活性高的入库存放物品，也应注意摆放整齐，以免堵塞通道，浪费仓库容量。

③ 面向通道，不围不堵。货垛以及存放物品的正面，尽可能面向通道，以便察看；另外，所有物品的货垛、货位都应有一面与通道相连，处在通道旁，以便能对物品进行直接作业。只有在所有的货位都与通道相同时，才能保证不围不堵。

(2) 码垛垛形搭建

① 散堆法。散堆法是一种将无包装的散货直接推成货港的货物存放方式。它特别适合于露天存放的没有包装的大型货物，如煤炭、矿石、散粮等。这种堆码方式简便，便于采用现代化的大型机械设备，节约包装成本，提高仓容利用率。

② 垛堆法。对于有包装的货物和裸装的计件货物一般采取垛堆法。具体方式有：重叠式、压缝式、纵横交错式、通风式、栽柱式、俯仰相间式等。货物堆垛方式的选择主要取决于货物本身的性质、形状、体积、包装等。一般情况下多平放（卧放），使重心降低，最大接触面向下，这样易于堆码，货垛稳定牢固。下面介绍几种常用的堆垛方式。

a. 重叠式。货物逐件、逐层向上整齐地码放。这种方式稳定性较差，易倒垛，一般适合袋装、箱装、平板式的货物。

b. 压缝式。压缝式即上一层货物跨压在下一层两件货物之间。如果每层货物都不改变方式，则形成梯形形状。如果每层都改变方向，则类似于纵横交错式。

c. 纵横交错式。纵横交错式即每层货物都改变方向向上堆放。采用这种方式码货，稳定性较好，但操作不便，一般适合管材、扣装、长箱装货物。

d. 通风式。采用通风式堆垛时，每件相邻的货物之间都留有空隙，以便通风防潮、散湿散热。这种方式一般适合箱装、桶装以及裸装货物。

e. 栽柱式。码放货物前在货垛两侧栽上木桩或钢棒，形成 U 形货架，然后将货物平放在桩柱之间，码了几层后用铁丝将相对两边的桩柱拴连，再往上摆放货物。这种方式一般适合棒材、管材等长条形货物。

f. 俯仰相间式。对上下两面有大小差别或凹凸的货物，如槽钢、钢轨、箩筐等，将货物仰放一层，再反一面伏放一层，仰伏相间相扣。采用这种方式码货，货垛较为稳定，但操作不便。

③ 货架法。货架法即直接使用通用或专用的货架进行货物堆码。这种方法适用于存放不宜堆高，需要特殊保管的小件、高值、包装脆弱或易损的货物，如小百货、小五金、医药品等。

④ 成组堆码法。成组堆码法即采取货板、托盘、网格等成组工具使货物的堆存单元扩大，一般以密集、稳固、多装为原则，同类货物组合单元应高低一致。这种方法可以提高仓容利用率，实现货物的安全搬运和堆存，适合半机械化和机械化作业。提高劳动效率，减少货损货差。

笔 记

实施评价 <<<

项目	工业机器人码垛				
学习任务	码垛认知			完成时间	
任务完成人	学习小组		组长	成员	

1. 机器人码垛有哪几种形式?

2. 码垛垛形搭建方法有哪些?

笔记

分析评价	知识的理解 (30%)	任务的实施 (30%)	学习态度(纪律、出勤、卫生、安全意识、积极性、任务单的学习情况等)(30%)	团队精神(责任心、竞争、比学赶帮超等)(10%)	考核总成绩(知识+技能+态度+团队/任务内容项)
考核成绩					

任务 4.2　指令应用

任务描述

本任务要求掌握程序指令和流程指令的含义、指令的调用、指令的使用,能够利用指令完成码垛任务。

知识准备

4.2.1　子程序调用——CALL 指令

(1) 子程序的理解

在华数三型机器人系统中,供用户使用的程序仅有一种:PRG 文件。该文件可以调用其他 PRG 程序,其中调用方为平时通常所说的"主程序",被调用方即为通常所说的"子程序"(接下来提到的子程序都指被调用的主程序)。

主程序调用指令是指调用"子程序"的指令,一般涉及调用指令(转子指令)和返回指令(返主指令)。在进行程序设计时,一般都把常用的程序段编写成独立的子程序或过程,在需要时随时调用,调用子程序需要用到调用指令。子程序执行完毕,就需要用返回指令返回到主程序。

在程序的执行过程中,当需要执行子程序时,可以在主程序中发出子程序调用指令 CALL,而当主程序执行到 CALL 指令时,后台会根据给出的子程序入口地址,控制程序的执行序列从主程序转入子程序;而当子程序执行完毕后,可以返回主程序,使得程序重新返回主程序发出子程序调用指令的地方,继续顺序往下执行。子程序调用过程如图 4-1 所示。

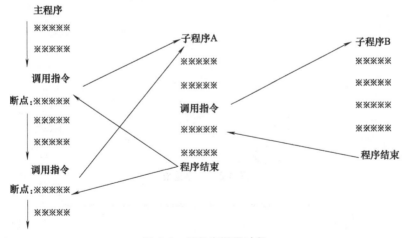

图 4-1　子程序调用过程

(2) 指令说明

CALL 指令用于子程序调用,执行子程序的程序内容,下面以一个例子来说明子程序的格式和含义。

常见形式如:CALL 程序名 .PRG

例:现在有两个程序,主程序 MAIN.PRG 和子程序 SON.PRG 如下。

'MAIN. PRG(主程序)

J JR[1] VEL=50　　　　　　　　　'机器人关节运动到 JR[1]点

J JR[2] VEL=50　　　　　　　　　'机器人关节运动到 JR[2]点

CALL SON. PRG　　　　　　　　　'调用子程序 SON. PRG(子程序)

J JR[3] VEL=50　　　　　　　　　'机器人关节运动到 JR[3]点

'SON. PRG(子程序)

DO[1]=ON　　　　　　　　　　　'端口 1 输出信号打开

WAIT TIME 500　　　　　　　　　'等待 500ms

DO[1]=OFF　　　　　　　　　　　'端口 1 输出信号关闭

上述执行流程，依次关节运动到 JR [1]、JR [2]，执行 DO [1]＝ON，强制等待 500ms 后，DO [1]＝OFF 关闭脉冲信号，完成子程序执行，返回到主程序 MAIN. PRG 中，继续执行下一行让机器人关节移动到 JR [3]。

(3) 子程序的建立

步骤 1：在示教器程序界面，选择新建文件，如图 4-2 所示。

步骤 2：类型选择"程序"，程序名称：QL（取料），如图 4-3、图 4-4 所示。

图 4-2　程序建立

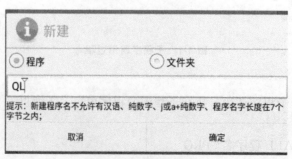

图 4-3　子程序建立

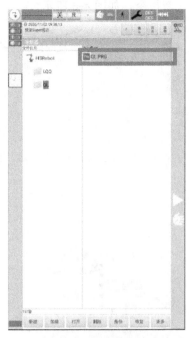

图 4-4 完成子程序建立

步骤 3：打开 QL.PRG 文件，可以看见文件中建立好子程序的结构体。

子程序放置的位置：子程序作为程序的容器，其范围需要独立定义，需要在主程序和其他子程序的外部定义，不允许重叠。子程序的定义如图 4-5 所示。

图 4-5 子程序的定义

（4）子程序的调用

在需要调用的地方，插入子程序指令或者手动输入 CALL 子程序名称，步骤如下。

笔 记

步骤1：在主程序中，插入新指令，如图4-6所示。

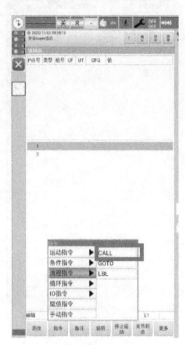

图 4-6　插入子程序

步骤2：选择"流程指令"——CALL，如图4-7所示。

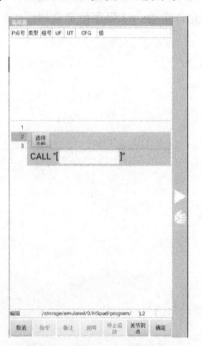

图 4-7　选择 CALL 调用指令

步骤3：选择子程序名称，如图4-8所示。

在编程过程中，利用子程序，可以优化程序结构，子程序中完成重复的动作，程序量将减少，程序功能性强，程序也易于阅读。

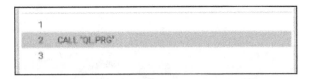

图 4-8 主程序中的子程序

4.2.2 流程指令——GOTO LBL [ ]

GOTO 指令主要用来跳转程序到指定标签位置（LBL）处。要使用 GOTO 指令，必须在程序中定义 LBL 标签，且 GOTO 与 LBL 必须在同一程序块中。GOTO 指令和 LBL 指令结合使用完成程序的跳转，GOTO 将会跳转到 LBL 指定的行。

指令样式如下：

LBL［标签名称］

GOTO LBL［标签名称］

下面以一个例子来进行讲解说明：

LBL［1］	设定标签 1
J P［1］VEL＝50	关节移动到 P［1］
J P［2］VEL＝50	关节移动到 P［2］
GOTO LBL［1］	再次跳转到标签 1 处

在 P［1］点的上方设置好了标签后，执行 J P［1］VEL＝50 和 J P［2］VEL＝50 后，由于 GOTO 指令的存在，会跳转到 LBL［1］处，再次执行 J P［1］VEL＝50 和 J P［2］VEL＝50。因此，最终看到的现象是机器人在 P［1］和 P［2］点反复循环。

步骤 1：选定需要插入的指令行的上一行。

步骤 2：选择指令->流程指令->LBL，如图 4-9 所示。

笔 记

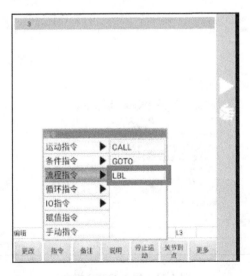

图 4-9 插入 LBL 指令

步骤 3：输入标签号点击操作栏的"确定"按钮，插入 LBL 指令成功，如图 4-10 所示。

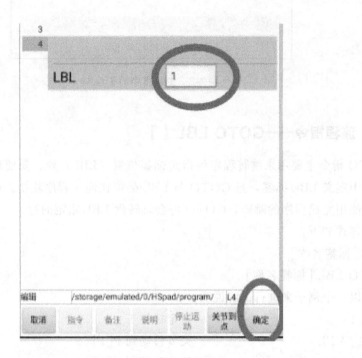

图 4-10　输入 LBL 标签号

步骤 4：选择需要跳转的指令行。

步骤 5：选择指令->流程指令->GOTO，在输入框输入标签号点击操作栏的"确定"按钮，添加 GOTO 指令成功，如图 4-11 所示。

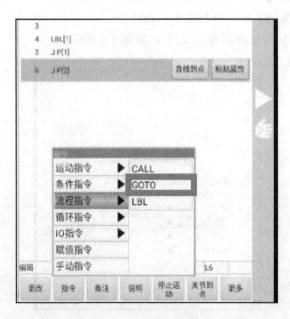

图 4-11　插入 GOTO 指令

实施评价 <<<

项目	工业机器人码垛				
学习任务	指令应用			完成时间	
任务完成人	学习小组		组长	成员	

1. 编写一个主程序、子程序,利用程序调用指令,实现程序的调用。把程序写到下面。

2. 写出在具体任务实现中遇到的问题?

分析评价	知识的理解(30%)	任务的实施(30%)	学习态度(纪律、出勤、卫生、安全意识、积极性、任务的学习情况等)(30%)	团队精神(责任心、竞争、比学赶帮超等)(10%)	考核总成绩(知识+技能+态度+团队/任务内容项)
考核成绩					

笔 记

任务 4.3 工业机器人的码垛编程

任务描述

本任务要求掌握正确运用程序调用指令、流程指令和其他已学指令，完成码垛工作任务，主要包括码垛点位路径规划和点位的示教，码垛应用程序编写，并能正确加载调试程序，实现工业机器人自动码垛任务。

本任务主要实现长方形物料的码垛操作与编程，将长方形物料从码垛工作台的初始位置摆放至码垛台垛形堆放处，如图 4-12 所示为 2 层厚垛形前后对比图片。

图 4-12　码垛任务效果图

知识准备

4.3.1　码垛的工艺分析

码垛机器人的工作流程设定为循环搬运模式，在一个循环中，机器人主要完成物品抓取、物品吸取、物品旋转、物品堆垛和返回初始位置五个部分。

① 物品抓取：首先从初始位置到达物品层（一般会先到达物料层的上方），然后到达搬运物料的正上方，最后达到抓取处。

② 物品吸取：机器人到达取物料处，吸取物料，并与到达路径类似，先到达吸取物料正上方，再吸取物料。

③ 物品旋转：以腰部作为旋转的轴线将所抓取到的物品旋转到适当角度，到达堆垛位置上方，轴线旋转的方式一方面可以确保物料的水平移动，另一方面可以减少示教规划的负担，提高示教的速度。

④ 物品堆垛：末端执行器下移到适当位置，到达物品堆垛的位置然后将吸盘装置松开，松开前还需要调整腕部来把物品摆放整齐。

⑤ 返回初始位置：接下来码垛机需要上升一段距离，以避开对货垛的干涉。再回转到初始位置，并保持初始位姿。

物品的尺寸其实在实际中并不是固定不变的，而是在一个范围内变化的，但是为了研究和设计方便，也为了更清楚地明确码垛机器人的任务空间，本任务以长宽高是110mm×55mm×35mm 的物料作为码垛对象。码垛机器人的任务是把抓取的物品放在码盘上，且要求码垛层数是 2 层。一层码放 2 个物品。码垛垛形图如图 4-13 所示，第一层及第二层码垛方式如图 4-14、图 4-15 所示。

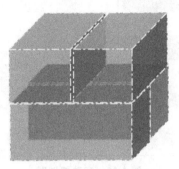

图 4-13　码垛垛形图

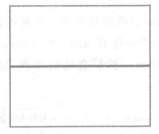

图 4-14　第一层码垛方式

图 4-15　第二层码垛方式

4.3.2　码垛运动规划及示教前的准备

(1) 示教前的准备

① 运动规划。机器人码垛动作可分解成"从 A 取物料""将物料从 A 区搬动到 B 区""到 B 区放下物料"等一系列任务。

a. 任务规划。机器人任务主要包括：取物料、机器人搬动、放物料。

b. 运动规划。运动规划图如图 4-16 所示。

取物料：取物料安全点、取物料上方点、直线运动到取料点、吸取物料。

机器人搬动：直线运动到取物料点上方、取物料安全点、放置物料安全点、放置物料

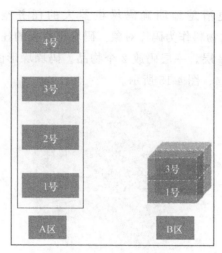

图 4-16　运动规划图

上方点、直线运动到放料点。

　　放物料：放开物料、直线移动到放料点上方、放置物料安全点、返回。

　　② 码垛操作流程。本应用的操作流程如图 4-17 所示，从机器人起动到码垛完回到工作原点，本操作选取一系列示教点，然后在这些示教点之间使用 MOVE、MOVES 和 WHILE 循环指令。

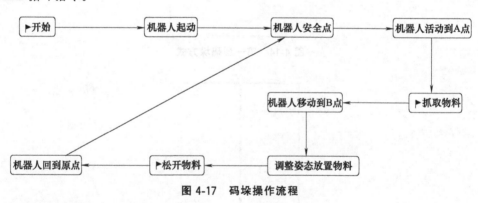

图 4-17　码垛操作流程

　　③ 手动操作设置。示教过程中，需要在一定的坐标模式（关节坐标、基坐标、工具坐标、工件坐标）下，选择一定的运动模式（增量模式和连续模式），手动控制机器人到达一定的位置。

　　因此，在示教运动指令前，必须设定好坐标模式和运动模式，如果坐标模式为工具坐标模式时，还需选定吸盘相应的坐标系。

　　(2) 码垛示教

　　在完成示教准备工作后，首先对点位示教进行规划，主要包括吸盘工具取放点位示教、取放物料点位示教、其他涉及偏移量计算的点位设置、取放物料端口设置。

　　长方形 1 号、2 号、3 号、4 号物料在取料位置点和放料位置点在空间位置关系上相互关联，以长方形 1 号为基础点位，偏移可得到长方形 2 号、3 号、4 号位置点。因此，在示教时，只需示教长方形 1 号取料点和放料点，其他物料取料点和放料点可以通过编程时改变偏移量得到。

如在 A 区进行取料时，2 号长方形物料在 1 号长方形物料示教点位上，向 X-方向偏移得到。同理 B 区进行放料时，2 号长方形物料也与 1 号长方形物料示教点位上也存在 X-方向偏移。

表 4-1 示教点位及其相关参数设置表

序号	寄存器	作用
1	JR[0]	机器人原点
吸盘示教点位		
2	JR[14]	取放工具外侧
3	JR[34]	取放吸盘工具过渡点
4	JR[33]	取放吸盘工具过渡点
5	JR[32]	吸放吸盘工具点
物料示教点位		
6	JR[73]	码垛取料过渡
7	JR[74]	码垛放料过渡
8	LR[201]	长方形 1 号取料点
9	LR[203]	长方形 1 号放料点
中间变量		
10	LR[250]	存储取料点上方位置变量
11	LR[251]	存储取料点位置变量
12	LR[260]	存储放料点上方位置变量
13	LR[261]	存储放料点位置变量
14	LR[5]	{0,0,20,0,0,0}上方偏移量
15	LR[6]	{0,42,0,0,0,0}取物料间隔偏移量
16	LR[7]	{−31,0,0,0,0,0}放物料间隔偏移量
17	LR[8]	{0,0,20,0,0,0}放物料二层摆放偏移量
IO 端口设置		
18	DO[8]	ON 吸夹具(同时 DO[9]为 OFF)
19	DO[9]	ON 放平具(同时 DO[8]为 OFF)
20	DO[12]	吸盘夹具产生真空 ON/破真空 OFF

笔 记

4.3.3 码垛示教编程

前面通过已经完成码垛任务的示教工作，在此基础上通过编程实现工业机器人码垛任务的再现。

① 新建名为"XCHMD01"的码垛文件夹。

② 新建或打开名为"XCHMD01"的单层码垛程序。

③ 严格按照程序流程图编辑并保存程序。

(1) 单层码垛实现

根据前面学习的码垛平台准备任务可知，2 号长方形物料的取料位置在 1 号长方形物料取料位置 LR[201] 的 X 一方向上，2 号长方形物料的取料点为 LR[201]+LR[6]，其中 LR[6]={−72, 0, 0, 0, 0, 0, 0}。同理可得，2 号长方形物料的放料位置在 1 号长方形物料放料位置 LR[203] 的 X 一方向上，2 号长方形物料的放料点为 LR[203]+LR[7]，其中，LR[7]={−55, 0, 0, 0, 0, 0}。第一层码垛示教图如图 4-18 所示。

程序编写主要包括：MAIN. PRG 主程序（用于完成所有功能子程序的调用），JIA-JU. PRG 安装吸盘夹具子程序，QL1. PRG 取 1 号长方形物料子程序，FL1. PRG 放 1 号长方形物料子程序，QL2. PRG 取 2 号长方形物料子程序，FL2. PRG 放 2 号长方形物料子程序。单层码垛程序如表 4-2 所示。

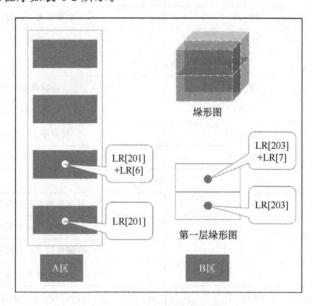

图 4-18 第一层码垛示教图

表 4-2 单层码垛程序

序号	程序示例	程序名称及功能
1	CALL "JIAJU. PRG" CALL "QL1. PRG" CALL "FL1. PRG" CALL "QL2. PRG" CALL "FL2. PRG"	MAIN. PRG 主程序
2	J JR[0] L JR[33] L JR[32] VEL=50 DO[8]=OFF DO[9]=ON WAIT TIME=500 L JR[34] L JR[14]	JIAJU. PRG 安装吸盘夹具

续表

序号	程序示例	程序名称及功能
3	J JR[73] LR[250]＝LR[201]＋LR[5] J LR[250] L LR[201] VEL＝50 WAIT TIME＝500 DO[12]＝ON WAIT TIME＝500 L LR[250]	QL1.PRG 取1号长方形物料
4	J JR[74] LR[260]＝LR[203]＋LR[5] J LR[260] L LR[203] VEL＝50 WAIT TIME＝500 DO[12]＝OFF WAIT TIME＝500 L LR[260]	FL1.PRG 放1号长方形物料
5	J JR[73] LR[250]＝LR[201]＋LR[6]＋LR[5] LR[251]＝LR[201]＋LR[6] J LR[250] L LR[251] VEL＝50 WAIT TIME＝500 DO[12]＝ON WAIT TIME＝500 L LR[250]　　'取料1上方点	QL2.PRG 取2号长方形物料
6	J JR[74] LR[260]＝LR[203]＋LR[7]＋LR[5] LR[261]＝LR[203]＋LR[7] J LR[260] L LR[261] VEL＝50 WAIT TIME＝500 DO[12]＝OFF WAIT TIME＝500 L LR[260]	FL2.PRG 放2号长方形物料

笔记

(2) 双层码垛实现

同理，可得3号长方形物料的取料位置在1号长方形物料取料位置LR[201]的$X-$方向上，3号长方形物料的取料点为LR[201]＋2＊LR[6]，其中LR[6]＝{－72，0，0，0，0，0，0}。3号长方形物料的放料位置在1号长方形物料放料位置LR[203]的$Z+$方向上，3号长方形物料的放料点为LR[203]＋LR[8]，其中，LR[8]＝{0，0，20，0，0，0}。

同理，可得4号长方形物料的取料位置在1号长方形物料取料位置LR[201]的$X-$方向上，4号长方形物料的取料点为LR[201]＋3＊LR[6]，其中LR[6]＝{0，42，0，0，

$0,0,0$}。4号长方形物料的放料位置在1号长方形物料放料位置 LR[203] 的 $Z+$ 方向上和 $X-$ 方向上，4号长方形物料的放料点为 LR[203]+LR[8]+LR[7]，其中，LR[8]=$\{0,0,35,0,0,0\}$，LR[7]=$\{-55,0,0,0,0,0\}$。第二层码垛示意图如图4-19所示。

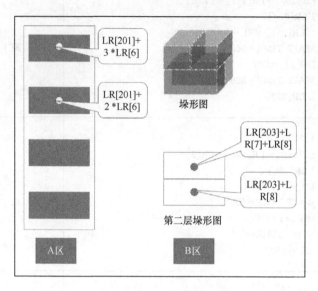

图4-19　第二层码垛示教图

程序编写主要包括：在 MAIN. PRG 主程序中增加3号和4号物料取放物料调用（用于完成所有功能子程序的调用），QL3. PRG 取3号长方形物料子程序，FL3. PRG 放3号长方形物料子程序，QL4. PRG 取4号长方形物料子程序，FL4. PRG 放4号长方形物料子程序，FJIAJU. PRG 放夹具子程序。双层码垛程序如表4-3所示。

表4-3　双层码垛程序

序号	程序示例	程序名称及功能
1	CALL "QL3. PRG" CALL "FL3. PRG" CALL "QL4. PRG" CALL "FL4. PRG" CALL "FJIAJU. PRG"	MAIN. PRG 主程序增加3号和4号物料取放调用指令和放夹具子程序调用
2	J JR[73] LR[250]=LR[201]+2*LR[6]+LR[5] LR[251]=LR[201]+2*LR[6] J LR[250] L LR[251] VEL=50 WAIT TIME=500 DO[12]=ON WAIT TIME=500 L LR[250]	QL3. PRG 取3号长方形物料

续表

序号	程序示例	程序名称及功能
3	J JR[74] LR[260]＝LR[203]＋LR[8]＋LR[5] LR[261]＝LR[203]＋LR[8] J LR[260] L LR[261] VEL＝50 WAIT TIME＝500 DO[12]＝OFF WAIT TIME＝500 L LR[260]	FL3.PRG 放3号长方形物料
4	J JR[73] LR[250]＝LR[201]＋3＊LR[6]＋LR[5] LR[251]＝LR[201]＋3＊LR[6] J LR[250] L LR[251] VEL＝50 WAIT TIME＝500 DO[12]＝ON WAIT TIME＝500 L LR[250]	QL4.PRG 取4号长方形物料
5	J JR[74] LR[260]＝LR[203]＋LR[8]＋LR[7]＋LR[5] LR[261]＝LR[203]＋LR[8]＋LR[7] J LR[260] L LR[261] VEL＝50 WAIT TIME＝500 DO[12]＝OFF WAIT TIME＝500 L LR[260]	FL4.PRG 放4号长方形物料
6	J JR[0] L JR[14] L JR[34] L JR[33] L JR[32] VEL＝50 DO[8]＝ON DO[9]＝OFF WAIT TIME＝500 L JR[33] L JR[14] J JR[0]	FJIAJU.PRG 放吸盘工具

笔记

实施评价 <<<

项目	工业机器人码垛				
学习任务	工业机器人的码垛编程			完成时间	
任务完成人	学习小组		组长	成员	

1. 利用工业机器人完成下列垛形的码垛任务,实现工业机器人的自动码垛,程序写到图下方。

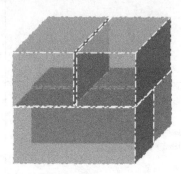

2. 写出在示教编程中出现的问题并分析原因。

笔 记

分析评价	知识的理解 (30%)	任务的实施 (30%)	学习态度(纪律、出勤、卫生、安全意识、积极性、任务的学习情况等)(30%)	团队精神(责任心、竞争、比学赶帮超等)(10%)	考核总成绩(知识+技能+态度+团队/任务内容项)
考核成绩					

理论习题 <<<<

一、选择题

1. 机器人第六轴法兰盘更换新的工具时，需要新建（　　）。

A. 工具坐标 　　　　B. 工件坐标 　　　　C. 世界坐标 　　　　D. 基坐标

2. 工件主动型打磨机器人夹具安装必须满足（　　），不能影响机器人运动。

A. 工件加紧 　　　　B. 速度快 　　　　C. 成本低 　　　　D. 使用方便

3. 示教器提供左侧（　　）个辅助按键，用于用户自定义按键操作，可配置按键按下后输出的指令。

A. 2 　　　　　　　B. 3 　　　　　　　C. 4 　　　　　　　D. 5

4. 以下（　　）指令可以进行程序调用。

A. CALL 　　　　　B. IF 　　　　　　C. WHILE 　　　　　D. MOVE

5. 以下（　　）指令可以进行程序循环指令。

A. CALL 　　　　　B. IF 　　　　　　C. WHILE 　　　　　D. MOVE

二、判断题

1. 机器人出厂时默认的工具坐标系原点位于第 1 轴中心。（　　）

2. 机器人调试人员进入机器人工作区域范围内时需佩戴安全帽。（　　）

3. 为了确保安全，用示教编程器手动运行机器人时，机器人的最高速度限制为 50mm/s。（　　）

4. TCP 测定的平均误差值达到十几分之一毫米范围内时，则计算准确。

5. 工业机器人是面向工业领域的多关节机械手或多自由度的机器装置，它能自动执行工作，是靠自身动力和控制能力来实现各种功能的一种机器。（　　）

笔记

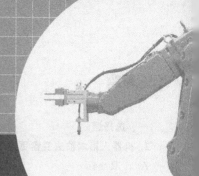

项目 5

工业机器人关节装配

项目导读

本项目主要介绍工业机器人关节装配的流程和实现方法，掌握循环指令的应用方法，实现典型工作任务。

知识目标：

1. 关节装配的流程；
2. 掌握循环指令的应用及含义。

技能目标：

1. 能够正确关节装配示教；
2. 能够正确使用循环指令；
3. 能够完成关节装配编程与调试。

素养目标：

1. 培养学生具备安全操作意识；
2. 培养学生具备团结协作精神；
3. 培养学生具备自主学习的能力。

知识结构

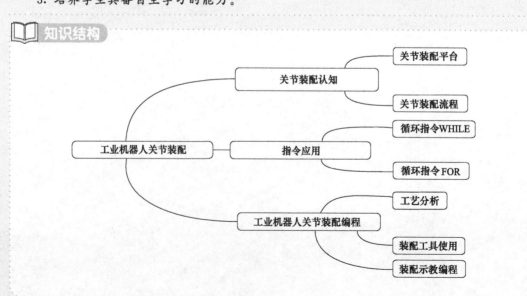

任务 5.1　关节装配认知

任务描述

工业机器人应用编程一体化教学创新平台 HSB 型工业机器人示教器的相关设定，工具与工件坐标系，指令系统简介，程序设计的相关知识技能，完成搬运程序设计，快换程序。

知识准备

5.1.1　装配平台认知

装配平台又名钳工装配平台，产品别名：装配平台、装配平板、精密装配平台、铸铁装配平台，主要应用于动力机械设备的装配及调试固定工件，表面带有 T 形槽，可以固定动力机械设备，要求较高的装配平台，可以拼装使用。

装配的工作包括物料筒体、电机壳体、减速机和输出法兰。安装顺序为先将筒体放至装配模块->切换夹具安装电机壳体->切换工具安装减速机->切换工具安装输出法兰盘。机器人关节装配工件如图 5-1 所示。

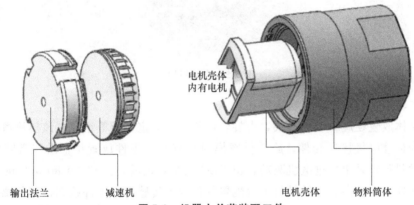

输出法兰　　　减速机　　　　　　　电机壳体　　物料筒体

电机壳体
内有电机

图 5-1　机器人关节装配工件

本任务采用的装配模块（图 5-2）为机器人组装零部件操作工位，主要由伸缩气缸和工件定位夹紧块组成。伸缩气缸的动作由 PLC 控制，机器人无法直接控制气缸的动作。

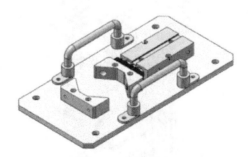

图 5-2　装配模块

（1）仓储模块——物料筒体

物料筒体作为底座起到保护内部电机的作用，本任务中其主要放置在仓储区，机器也是从仓储区夹取该物料，将其放至在装配台完成装配后，再由装配台放置回对应位置编号的仓储库中。

用于存放物料筒体的仓储模块主要由固定底板、立体仓库、检测传感器等组成。每个库位都有检测传感器通过传感器信号检测，将数据传输 PLC 控制器。工业机器人通过快换工具和 PLC 发送给机器人的库位信息，进行工件的出库入库。出入库控制方式和顺序，可以自行设计。本任务采取从 1 号仓位取出筒体，并经过电机、减速机、法兰盘等系列装配后再放至回 1 号仓位的操作方式。仓储模块如图 5-3 所示。

图 5-3　仓储模块

(2) 旋转供料模块——电机壳体

电机壳体放置在旋转供料模块，由旋转供料机、固定底板等组成。该模块适配外围控制器套件和标准电气接口套件，旋转供料模块具有 6 个工件放置位，沿圆盘圆周方向阵列。旋转供料装置采用步进电机驱动，由 PLC 控制其运动，配置 1∶80 速比的谐波减速机，运动平稳，精度高。旋转供料平台配置零位校准传感器、工件状态检测传感器。在装配电机壳体的过程前一定要对旋转供料平台进行零位校准。旋转供料模块如图 5-4 所示。

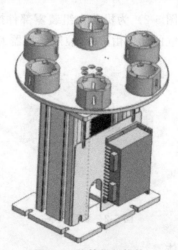

图 5-4　旋转供料模块

机器人通过 IO、以太网与 PLC 控制器进行信息交互，当需要夹取筒体时，会给 PLC 发送信号，PLC 根据机器人的命令将料盘旋转到指定工位。旋转至合适位置后，机器人夹取电机壳体，并放至装配台上的筒体内，完成电机壳体部分的装配。

（3）井式供料模块——减速机和法兰

井式供料模块由圆柱形料筒和伸缩气缸组成，圆柱形料筒内径为 50mm，可同时装入机器人关节的减速机和输出法兰两种圆形物料，圆柱料筒底部配置对射型传感器检测工件有无，气缸配置磁性开关检测动作是否执行，气缸动作及其传感器信号均由 PLC 控制。可用于储存多种零件，通过气动推头进行供料，模块适配标准电气接口套件。机器人通过 PLC 控制器数字量输入输出控制，完成零件的供料、料仓监控和推头的控制。井式供料模块如图 5-5 所示。

图 5-5 井式供料模块

（4）皮带输送模块——减速机和法兰

主要由皮带输送机、固定底板等组成。皮带输送机由铝合金型材搭建而成，采用单相交流调速电机驱动，结构简单。输送机上安装光电传感器与阻挡装置，用以检测与阻挡工件。调速电机驱动皮带，运输零件，传送带有启停和调速功能。模块适配标准电气接口套件，PLC 控制器通过数字量对传送带进行启停等操作，对零件进行相应的操作。皮带输送模块如图 5-6 所示。

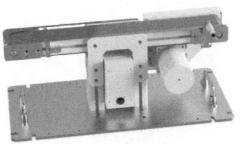

图 5-6 皮带输送模块

装配的减速机和法兰通过气缸被推送出来运行在传送带上，当运行到传送带的检测开关时，PLC 收到物料运动到位信号，控制传送带停止运行，机器人可从传送带的停止位置搬运减速机和法兰。

5.1.2 流程装配形式

在同一生产线上能够完成同一种型号产品的全部装配过程。它能提高产品质量，保证产品品质同时能提高该产品产能。

混流装配是指在一定时间内，在一条生产线上生产出多种不同型号的产品，产品的品种可以随顾客需求的变化而变化。多品种混流装配线是实现多品种中小批量生产模式的有效途径，它能缩短交货期，降低产品库存，提高企业的竞争力，较好地适应当前市场发展的需求。

笔 记

实施评价 <<<

项目	工业机器人关节装配				
学习任务	关节装配认知			完成时间	
任务完成人	学习小组		组长	成员	

1. 装配平台有哪几部分构成？作用是什么？

2. 简述混流装配。

分析评价	知识的理解（30%）	任务的实施（30%）	学习态度（纪律、出勤、卫生、安全意识、积极性、任务单的学习情况等）（30%）	团队精神（责任心、竞争、比学赶帮等）（10%）	考核总成绩（知识＋技能＋态度＋团队/任务内容项）
考核成绩					

笔 记

任务 5.2 指令应用

任务描述

本任务要求掌握运动指令的含义、指令的调用、指令的使用以及它们之间的区别与联系，能够利用指令完成关节装配任务。

知识准备

5.2.1 循环指令——WHILE

在机器人码垛中，机器人完成的是重复的动作，当码垛物料数量很大时，重复写相同动作的取、放程序，程序重复性太大。这时可以使用 WHILE 指令，只要条件满足便重复运行相同的程序，循环指令结构如图 5-7 所示。

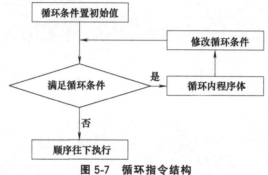

图 5-7 循环指令结构

(1) WHILE 循环指令

WHILE 循环指令根据条件表达式判断循环是否结束，条件为真时持续循环，条件为假时退出循环体，WHILIE 循环指令，以最近的一个 END WHILE 为结尾构成一个循环体。关键字 WHILE—END WHILE 是用来定义循环体的。利用循环结构，程序体里面的程序可以循环多次，循环指令程序示例如表 5-1 所示。

表 5-1 循环指令程序示例

程序指令	解释说明
R[1]＝0	设置 R[1] 的初始值为 0
WHILE R[1]＜3	判断循环条件 R[1]＜3 是否成立，若成立执行循环体（即 WHILE 与 END WHILE 之间语句），否则执行 END WHILE
J P[1]VEL＝50	运动到 P[1] 点
J P[2]VEL＝50	两点之间循环运动
R[1]＝R[1]＋1	循环次数计数。条件表达式 R[1]，每次循环依次为 1,2,3，第四次 R[1]＝3 小于 3，条件不满足，退出循环，因此共循环 3 次
END WHILE	结束循环

(2) BREAK 指令

WHILE 循环体也可接 BREAK，当执行到循环体内某行程序时，需要强制退出循环体，可使用 BREAK 指令，退出当前循环体。

(3) WHILE 循环指令编程操作步骤

步骤 1：选定需要插入的指令行的上一行。

步骤 2：选择指令→循环指令→WHILE→选项。插入 WHILE 指令如图 5-8 所示。

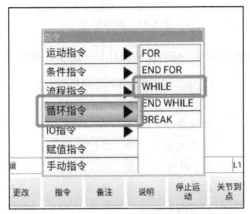

图 5-8　插入 WHILE 指令

步骤 3：增加条件→如"R[1]=0"→确定，如图 5-9、图 5-10 所示。

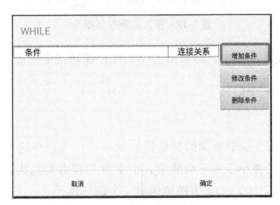

图 5-9　增加循环条件

笔 记

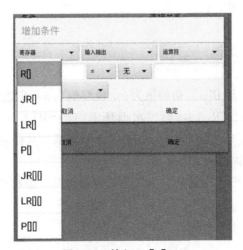

图 5-10　输入 R [1]=0

步骤 4：连续点击"确定"，添加 WHILE R[1]=0，如图 5-11 所示。

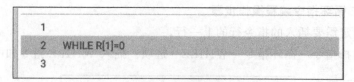

1	
2	WHILE R[1]=0
3	

图 5-11　循环指令

步骤 5：选择指令→循环指令→END WHILE→选项，如图 5-12 所示。

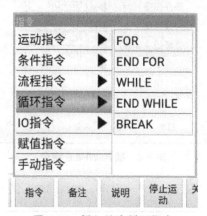

图 5-12　插入结束循环指令

步骤 6：点击"确认"按钮，添加完成 WHILE 循环指令完成。

5.2.2　循环指令——FOR

(1) FOR 循环指令

FOR 循环指令定义了一个变量的初始值和最终值，以及步进值（即每次值递增的大小），判断循环变量值是否小于等于最终值，小于等于若为真则执行循环，若为假则退出循环体，以最近的一个 END FOR 为结尾构成一个循环体。

下面以一个示例进行说明：

FOR R[1]=0 TO 3 BY 1

J P[1]VEL=50

J P[2]VEL=50

END FOR

如上程序，循环体变量 R[1] 初始值为 0，最终值为 3，步进值为 1，则每次循环增加 1。第一次循环将 0 赋值给 R[1]，第二次循环 R[1]=R[1]+步进值 1，第三次循环 R[1]=2，第四次循环 R[1]=3，满足最终值，循环结束，共循环四次。

(2) FOR 循环中的 BREAK

BREAK 指令用于中断程序循环，执行到该行指令时，退出结束当前循环体。下面以一个例子进行说明。

FOR R[1]=0 TO 3 BY 1

J P[1]VEL=50

J P[2]VEL＝50

BREAK

END FOR

如上程序，执行到 BREAK 语句，无论是否等于最终值，皆中断退出当前循环体，停止该循环体的循环。

(3) FOR 循环指令编程操作步骤

步骤1：选定需要插入的指令行的上一行。

步骤2：选择指令→循环指令→FOR→选项，如图 5-13 所示。

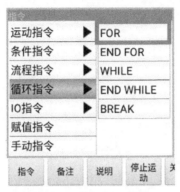

图 5-13　插入 FOR 指令

步骤3：增加条件→如"R[1]＝0 TO 3 BY 1"→确定，如图 5-14 所示。

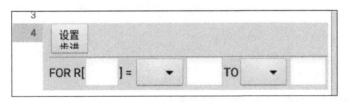

图 5-14　增加循环条件

步骤4：连续点击"确定"，添加。

步骤5：选择指令→循环指令→END FOR→选项，如图 5-15 所示。

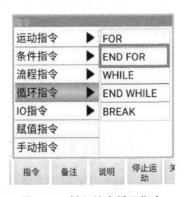

图 5-15　插入结束循环指令

步骤6：点击"确认"按钮，添加完成 FOR 循环指令完成。

实施评价 <<<

项目	工业机器人关节装配					
学习任务	指令应用				完成时间	
任务完成人	学习小组		组长		成员	

1. 利用 WHILE 循环指令完成两套关节底座和电机的装配，程序体写到下面。

2. 写出 WHILE 循环指令和 FOR 循环指令的区别与联系。

笔 记

分析评价	知识的理解（30%）	任务的实施（30%）	学习态度（纪律、出勤、卫生、安全意识、积极性、任务单的学习情况等）(30%)	团队精神（责任心、竞争、比学赶帮等）(10%)	考核总成绩（知识＋技能＋态度＋团队/任务内容项）
考核成绩					

任务 5.3 工业机器人关节装配编程

任务描述

本任务要求掌握工业机器人关节装配的示教与编程，正确调用相关指令，进行点位的示教，正确加载调试程序，实现工业机器人自动关节装配的工作任务。

本任务主要实现工业机器人关节装配操作与编程，将筒体、电机、减速机和法兰从放置的初始位置搬运至装配台进行组装，装配成整体，图 5-16 为组装前和组装后对比图。

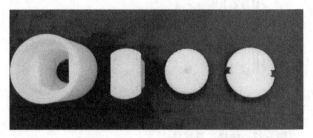

图 5-16 组装前后对比图

知识准备

5.3.1 关节装配工艺分析

关节装配的工作流程设定为循环搬运模式，在一个循环中，机器人主要完成电机筒体、电机、减速机、法兰四个部分的搬运与装配。

① 选取工具：根据装配器件不同选用不同的工具，关节底座选择弧形手爪夹具，电机选择直手爪工具，减速机和法兰选择吸盘工具。

② 电机筒体装配：机器人原始位置->安装夹爪工具->机器人运动到仓储模块->夹取电机筒体->搬运至装配台->机器人回到原始位置。

③ 电机装配：机器人原始位置->安装夹爪工具->机器人运动到旋转料台->夹取电机->搬运至装配台->机器人回到原始位置。

④ 减速机装配：机器人原始位置->安装吸盘工具->机器人运动到传送带指定位置->吸取减速机->搬运至装配台->机器人回到原始位置。

⑤ 法兰装配：机器人原始位置->安装吸盘工具->机器人运动到传送带指定位置->吸取法兰->搬运至装配台->机器人回到原始位置。

⑥ 放回工具：机器人返回快换工具处将使用工具放回原处，以备下次装置环节使用。

5.3.2 关节装配工具的使用

(1) 夹具模块

夹具模块配置多种机器人末端工具，主要包括直手爪工具、弧形手爪工具、机器人标定尖端工具、吸盘工具。另有可自主更换安装的焊接工具、涂胶工具、打磨和雕刻工具。对于电机装配任务来说末端夹具选择非常重要，合适夹具的选择对于提高机器人作业效

笔 记

率，减少机器人故障有十分重要的意义。

本任务中使用快换工具模块主要由快换固定底板、快换支架、检测传感器等组成。机器人末端工具包括单吸盘工具、无源笔形工具、爪手工具、拧钉工具。快换工具模块如图 5-17所示。

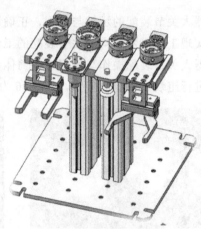

图 5-17　快换工具模块

电机装配作业任务主要用到平口夹具和吸盘夹具。平口夹具（图 5-18、图 5-19）用于夹持电机外壳、电机转子，吸盘夹具（图 5-20）用于电机盖板的安装。

整套电机装配作业过程中，为了精确控制装配精度，要求对机器人末端执行点轨迹进行连续控制。因此，需要对夹爪夹具和吸盘夹具分别进行工具坐标系测量。

（2）工具端口设定

机器人末端工具均由机器人控制器控制 IO 模块实现状态切换，采用夹具快速切换装置，配置多种机器人末端工具，实现设备的多种功能快速自动切换，本任务的机器人信号接口定义见表 5-2。

笔记

图 5-18　夹取电机筒体工具

图 5-19　夹取电机工具

图 5-20　吸取减速机和法兰工具

表 5-2　机器人信号接口定义

机器人 IO	功能	机器人 IO	功能
DO[8]	快换松	DO[11]	夹具紧
DO[9]	快换紧	DO[12]	吸盘
DO[10]	夹具松		

为方便后续编程调试，需要对机器人 IO 接线、定义并进行测试。IO 测试操作步骤如下。

步骤 1：在主菜单中选择显示->输入/输出端->数字输出端；

步骤 2：根据表 5-2 点击选择特定的输出端，通过界面右边"值"按键对 IO 进行强制操作；

步骤 3：观察机器人 TCP 末端夹具吸合状态（需打开设备气源）；

步骤 4：若机器人 IO 信号与实际接线不符，请以实际接线为准。

机器人 IO 测试结束后，对华数 HSR-JR 603 工业机器人备用按键进行配置。机器人 IO 分配表，分别对辅助按键进行配置见表 5-3，并测试。

表 5-3 自定义辅助按键

说明	IO 地址	信号类型	信号说明
辅助按键 1	DO[8]	ON/OFF	快换松
辅助按键 2	DO[9]	ON/OFF	快换紧
辅助按键 3	DO[10]	ON/OFF	夹具松
辅助按键 4	DO[11]	ON/OFF	夹具紧

5.3.3 关节装配示教编程

使用工业机器人关节装配的工作流程设定为电机简体、电机、减速机、法兰四个部分装配的示教编程、程序调试，如表 5-4 所示。

表 5-4 关节装配示教程序

序号	程序示例		程序名称及功能
1	CALL "TONGTI. PRG" CALL "DIANJI. PRG" CALL "QUXIPAN. PRG" CALL "JIANSU. PRG" CALL "FALAN. PRG" CALL "FANGXIPAN. PRG" CALL "FANGCP. PRG"	抓取简体 装配电机 装单吸盘夹具 装配减速器 装配法兰 放单吸盘夹具 装配台上成品搬回	MAIN. PRG 主程序
2	J JR[0] J LR[0]CNT=100 J JR[14]CNT=100 J JR[13]CNT=100 J JR[12] L JR[11]VEL=100 DO[8]=OFF DO[9]=ON WAIT TIME=500 L JR[42] L JR[43] L JR[44] J JR[14]CNT=100 J LR[0]CNT=100 J JR[0]CNT=100	 去快换台中转 工具台外侧 装弧口夹具 装弧口夹具位置点 安装夹具 抬起、后退、抬起夹具 去立体库中转	TONGTI. PRG 安装弧口工具

笔记

序号	程序示例		程序名称及功能
3	J JR[15]CNT=100 J LR[11]CNT=100 L LR[12] DO[10]=OFF DO[11]=ON WAIT TIME=500 L LR[13]VEL=100 L LR[11] J JR[15]CNT=100	立体库外侧 1号仓库外侧 立体库外侧	TONGTI. PRG 1号仓库取筒体
4	J LR[1]CNT=100 J JR[20]CNT=100 L JR[21] L JR[19] L JR[22]VEL=100 DO[10]=ON DO[11]=OFF J JR[20]CNT=100 J LR[1]CNT=100 J JR[0]CNT=100 J LR[0]CNT=100	立体库外侧上方 装配台末端接近位 夹具松 装配台外侧	TONGTI. PRG 筒体放至装配台
5	J JR[14]CNT=100 J JR[44]CNT=100 L JR[43] L JR[42] L JR[11]VEL=100 DO[8]=ON DO[9]=OFF DO[10]=OFF WAIT TIME=500 L JR[12]VEL=100	 开始放弧口夹具	TONGTI. PRG 放回弧口夹具
6	L JR[24]VEL=1000 DO[8]=ON DO[9]=OFF WAIT TIME=500 L JR[23]VEL=100 DO[8]=OFF DO[9]=ON WAIT TIME=500 L JR[45] L JR[46] L JR[47] J JR[14]CNT=100	开始取平口夹具 安装夹具 工具台外侧	DIANJI. PRG 安装平口夹具

续表

序号	程序示例		程序名称及功能
7	J LR[0]CNT=100 J JR[0]CNT=100 L JR[26]CNT=100 J JR[27] DO[10]=ON DO[11]=OFF WAIT TIME=500 L JR[29] DO[10]=OFF DO[11]=ON WAIT TIME=500 L JR[27] J JR[26]CNT=100	去立体库中转 旋转台外侧 夹具松 工具夹紧	DIANJI. PRG 从旋转台夹取电机
8	J LR[1]CNT=100 J JR[20]CNT=100 L JR[21] L JR[30] L JR[31]VEL=100 DO[10]=ON DO[11]=OFF WAIT TIME=100 L JR[21] DO[10]=OFF DO[11]=ON WAIT TIME=100 DO[11]=OFF L JR[20]CNT=100 J LR[1]CNT=100 J JR[0]CNT=100 J LR[0]CNT=100	 夹具松 夹具紧 去立体库中转	DIANJI. PRG 将电机放至装配台
9	J JR[14]CNT=100 J JR[47] L JR[46] L JR[45] L JR[23]VEL=100 DO[8]=ON DO[9]=OFF DO[10]=OFF WAIT TIME=500 L JR[24]VEL=100		DIANJI. PRG 工具放回至工具台
10	L JR[33]VEL=1000 L JR[32]VEL=100 DO[8]=OFF DO[9]=ON WAIT TIME=500 L JR[34] J JR[14]CNT=100 J LR[0]CNT=100 J JR[0]CNT=100 DO[91]=ON WAIT TIME=500 DO[91]=OFF	取单吸盘夹具 工具台外侧	QUXIPAN. PRG 安装吸盘夹具

序号	程序示例	程序名称及功能
11	UTOOL_NUM=10 UFRAME_NUM=−1 L LR[98] L LR[99]　此点位拍照计算得到 L LR[101] WAIT TIME=100 DO[12]=ON WAIT TIME=100 L LR[99]	JIANSU. PRG 减速器吸取
12	J LR[102] L LR[104] L LR[103]VEL=100 WAIT TIME=100 DO[12]=OFF WAIT TIME=100 L LR[104] J LR[102]CNT=100 J LR[98] UTOOL_NUM=−1 UFRAME_NUM=−1	JIANSU. PRG 减速器装配
13	UTOOL_NUM=10 UFRAME_NUM=−1 L LR[98] L LR[99] L LR[100] WAIT TIME=100 DO[12]=ON WAIT TIME=100 L LR[99]	FALAN. PRG 法兰吸取
14	J LR[102] L LR[106] L LR[107]VEL=100 WAIT TIME=100 DO[12]=OFF WAIT TIME=100 L LR[106] L LR[112] L LR[109]VEL=100 L LR[106] L LR[107]VEL=100 WAIT TIME=100 DO[12]=ON WAIT TIME=100 L LR[110] WAIT TIME=100 DO[12]=OFF WAIT TIME=100 L LR[111] L LR[102]CNT=100 J LR[98] UTOOL_NUM=−1 UFRAME_NUM=−1	FALAN. PRG 法兰装配

笔 记

序号	程序示例		程序名称及功能
15	J JR[0]CNT=100 J LR[0]CNT=100 J JR[14]CNT=100 L JR[34] L JR[33] L JR[32]VEL=100 DO[8]=ON DO[9]=OFF WAIT TIME=500 L JR[33]	开始放单吸盘夹具	FANGXIPAN. PRG 放吸盘夹具
16	L JR[12]VEL=1000 L JR[11]VEL=100 DO[8]=OFF DO[9]=ON WAIT TIME=500 L JR[42] L JR[43] L JR[44] J JR[14]CNT=100	开始取弧口夹具 工具台外侧	FANGCP. PRG 更换夹具
17	J LR[0]CNT=100 J JR[0]CNT=100 J LR[1]CNT=100 J JR[20]CNT=100 L JR[21] DO[10]=ON DO[11]=OFF WAIT TIME=500 L JR[22] DO[10]=OFF DO[11]=ON WAIT TIME=500 DO[51]=ON WAIT DI[52]=ON DO[51]=OFF L JR[21]	 工具松 装配台末端 工具夹 装配台气缸松开	FANGCP. PRG 取成品
18	J LR[1]CNT=100 L LR[11] L LR[13] L LR[12]VEL=100 DO[10]=ON DO[11]=OFF WAIT TIME=500 L LR[11] DO[10]=OFF DO[11]=ON WAIT TIME=100 DO[11]=OFF J LR[1]CNT=100 J JR[0]CNT=100 J LR[0]CNT=100 J JR[14]CNT=100 J JR[44] L JR[43] L JR[42] L JR[11]VEL=100 DO[8]=ON DO[9]=OFF WAIT TIME=500 L JR[12]VEL=100 J JR[13]CNT=100 J JR[14]CNT=100 J JR[0]	 ST101 上方外 ST101 末端上方 ST101 末端 工具松 工具紧 立体库外侧 工具台外侧 开始放弧口夹具	FANGCP. PRG 放成品到仓储

实施评价 ◄◄◄

项目	工业机器人关节装配				
学习任务	工业机器人关节装配编程			完成时间	
任务完成人	学习小组		组长	成员	

1. 利用工业机器人完成机器人关节核心部件全流程装配,程序写在图 5-21 下方空白处。

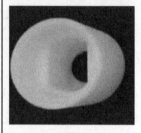   

(a) 筒体　　　　　　(b) 电机　　　　　　(c) 减速器　　　　　　(d) 法兰

图 5-21　装配零件

2. 写出在示教编程中出现的问题并分析原因。

分析评价	知识的理解 (30%)	任务的实施 (30%)	学习态度(纪律、出勤、卫生、安全意识、积极性、任务的学习情况等)(30%)	团队精神(责任心、竞争、比学赶帮等)(10%)	考核总成绩(知识＋技能＋态度＋团队/任务内容项)
考核成绩					

理论习题 <<<<

一、选择题

1. 工业机器人（　　）适合夹持方形工件。

A. V形手指　　　　　　　　B. 平面指　　　　　　C. 尖指　　　　　　　D. 特型指

2. 华数工业机器人示教器的四个辅助按键可以配置（　　）信号，并对其进行强置。

A. 数字量输入　　　　　　　B. 数字量输出　　　　C. 模拟量输入　　　　D. 模拟量输出

3. 示教器编程时，下列表示华数机器人运动速度的选项为（　　）

A. BLENDINGFACTOR＝0　　　　　　　　B. vel＝1000

C. tool2　　　　　　　　　　　　　　　D. default

4. 以下哪点不是示教盒示教的缺点（　　）

A. 难以获得高控制精度　　　　　　　　B. 难以获得高速度

C. 难以与其他设备同步　　　　　　　　D. 不易与传感器信息相配合

5. 为避免工具末端与所加工的表面碰撞，在创建工具坐标框架时，一般要沿（　　）正方向偏移 TCP。

A. X 轴　　　　　　　　　B. Y 轴　　　　　　　C. Z 轴　　　　　　　D. 法兰盘表面

6. 调试的目的主要是检查程序运行的点位是否正确，（　　）控制是否合理。

A. 速度　　　　　　　　　B. 动作　　　　　　　C. 安全　　　　　　　D. 逻辑

7. 正常联动生产时，机器人示教编程器上安全模式不应该打到（　　）位置上。

A. 操作模式　　　　　　　B. 编辑模式　　　　　C. 管理模式　　　　　D. 其他

8. 机器人编辑程序后，试机的操作前应当（　　）。

A. 清空工件，速度设置为低速　　　　　B. 摆放工件，速度设定为低速

C. 清空工件，速度设定为中速　　　　　D. 摆放工件，速度设置为中速

9. 在操作工业机器人时，应优先注意（　　）。

A. 是否通电　　　　　　　　　　　　　B. 示教器是否方便快捷

C. 工作区域是否安全　　　　　　　　　D. 机器人是否精度高

10. 小明在进行机器人操作实训时，出于好奇，将机器人动作到老师未指定区域或危险区域进行运动。此行为（　　）。

A. 危险的，涉及到人身和财产安全，应立即阻止

B. 是探索新事物必经之路，人没事就好

C. 不提倡，但不反对

二、判断题

1. 关节空间是由全部关节参数构成的。（　　）

2. 在编写程序时需要选择合适的工具坐标和工件坐标。（　　）

3. 工业机器人的最大工作速度通常是指机器人手臂末端的最大速度。（　　）

4. 机器人常用驱动方式主要是液压驱动、气压驱动和电气驱动三种基本类型。（　　）

5. 工业机器人是面向工业领域的多关节机械手或多自由度的机器装置，它能自动执行工作，是靠自身动力和控制能力来实现各种功能的一种机器。

笔 记

项目 **6**

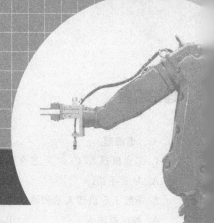

工业机器人喷涂

项目导读

　　通过本项目的学习，学生将了解机器人喷漆的应用，掌握机器人喷涂运动的特点，学会机器人喷漆过程中的程序数据创建、目标点示教、程序编写及调试，最终完成整个喷漆编程。

知识目标：

1. 掌握圆弧运动控制程序的指令格式、编程方法；

2. 掌握跳转程序到指定标签位置处指令（GOTO LABEL）、条件指令 IF 的编程及应用；

3. 掌握工业机器人喷涂的轨迹规划和示教编程方法。

技能目标：

1. 能够熟练应用直线、圆弧运动指令编写运动轨迹程序；

2. 能够熟练应用 IR、LR、JR、GOTO LABEL、IF 指令编写程序；

3. 能够准确完成喷漆运动的示教和编程。

素养目标：

1. 培养学生具备安全操作意识；

2. 培养学生具备团结协作精神；

3. 培养学生具备自主学习的能力。

知识结构

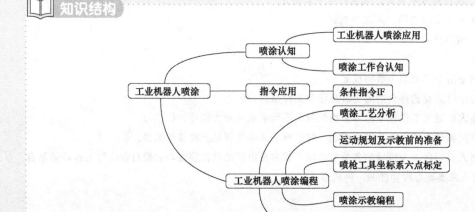

任务 6.1 喷涂认知

任务描述

本次任务了解机器人喷涂在工业的广泛应用，以及辅助设备工作台的认识。

知识准备

6.1.1 工业机器人喷涂应用

随着社会的进步和科学技术的发展，提高喷涂效率、降低 VOC 排放、提升涂装工人作业环境质量受到广泛关注。喷涂机器人作为一项重要技术保障成为企业应用的热点。目前，一些对漆膜性能要求高、同种工件数量大、利润率高的行业已经广泛采用喷涂机器人替代人工进行喷涂作业，如汽车及其零部件、3C（计算机、通讯和消费电子产品）、家具等行业。未来，一系列的国产喷涂机器人凭借其独特的优点定会在国内市场上大放异彩，自主品牌喷涂机器人将见证我国涂装产业的巨大变革。

目前，喷涂机器人已经广泛用于汽车整车及其零部件、电子产品、家具的自动喷涂。未来，以喷涂机器人为重要代表的新型设备与新型涂料、新工艺相互促进、相互发展所引发的涂装技术变革，将会更好地服务于国民经济各个行业。

（1）汽车行业

汽车工业产量大、利润率高，因此成为喷涂机器人应用最广泛的行业，汽车整车、保险杠的自动喷涂率几乎达到 100%。经研究应用表明，喷涂机器人在汽车涂装中的应用会大大降低流挂、虚喷等涂膜缺陷，漆面的平整度和表面效果等外观性能得到明显提升。不仅提高了涂装的外观质量，也大大降低了涂装的生产成本。

（2）3C 行业

3C 行业指电脑（Computer）、通讯（Communication）和消费电子（Consumer Electronic）三大产品领域，要求喷涂机器人体积小、动作灵活。桌面型喷涂机器人在笔记本电脑、手机等产品外壳喷涂发挥出了重要作用，有效缓解了企业招工难等问题。

（3）家具行业

随着人们对绿色生活的追求，木器家具广泛使用水性涂料。形状较规则的桌板、门板已广泛采用水性漆滚涂线生产，而对于形状不规则的桌腿等工件，喷涂机器人得到了一定程度的应用。

（4）卫浴行业

卫浴产品主要包括陶瓷卫浴产品和亚克力卫浴产品。陶瓷卫浴产品由陶瓷瓷土烧结而成，外表面为陶瓷釉面；亚克力卫浴产品是指玻璃纤维增强塑料卫浴产品，其表层材料是甲基丙烯酸甲酯，反面覆上玻璃纤维增强专用树脂涂层。

目前，陶瓷卫浴产品表面釉料的喷涂已广泛采用机器人喷涂；亚克力卫浴产品表面玻璃纤维增强树脂材料的喷涂也有一些企业在研究采用喷涂机器人。随着玻璃纤维增强塑料复合材料在卫浴、汽车、航空航天、游艇等方面的广泛应用，喷涂机器人将会发挥出更大的作用。

笔记

(5) 一般工业

一般工业涵盖了机械制造、航空航天、特种装备等工业领域，其工件形状复杂、尺寸多变、同种工件数量少，喷涂机器人的应用比较困难。但随着技术的进步，这一领域有着巨大的市场应用空间。

6.1.2 喷涂工作台认知

工件是回转件或多面件时需要喷涂工作台配合机器人完成喷涂，喷涂工作台是喷涂机器人不可缺少的辅助设备。一般喷涂机器人单元主要由一台工业机器人、一套工作台、一套喷涂装置及一套电气控制系统组成，其结构如图 6-1 所示。

图 6-1　喷涂工作台

喷涂时工件固定到工作台上，机器人带动喷涂装置进行喷涂。当工件一面喷涂完成后，工作台转位，机器人回到原点开始喷另一面，直到所有表面喷涂完成后，机器人发出喷漆完成信号。

笔记

实施评价 ‹‹‹‹

项目	工业机器人喷涂					
学习任务	喷涂认知				完成时间	
任务完成人	学习小组		组长		成员	

1. 写出喷涂在行业中的应用。

2. 写出你对喷涂的认知和机器人喷涂能解决的问题。

分析评价	知识的理解（30%）	任务的实施（30%）	学习态度（纪律、出勤、卫生、安全意识、积极性、任务单的学习情况等）(30%)	团队精神（责任心、竞争、比学赶帮等)(10%)	考核总成绩（知识＋技能＋态度＋团队/任务内容项)
考核成绩					

笔记

任务6.2　指令应用

任务描述

本次任务学习条件指令，并在典型工作任务中熟练应用。

知识准备

运动指令包括了点位之间的运动 J 和 L，以及画圆弧指令 C。

J 指令用于两点之间的任意运动，运动过程中不进行轨迹控制和姿态控制，一般记录关节坐标；

L 指令用于选择一个点位之后，当前点机器人位置与记录点之间的直线运动，一般记录笛卡儿坐标；

C 指令为画圆弧指令，机器人示教圆弧的当前位置与选择的两个点形成一个圆弧，即三点画圆，记录关节或者记录笛卡儿坐标。

条件指令 IF。条件指令用于机器人程序中的运动逻辑控制。

有以下两种：IF 条件，GOTO LBL []；IF 条件，CALL "子程序"。

语法为：IF…，GOTO LBL []，当条件成立时，则执行 GOTO 部分代码块；条件不成立时，则顺序执行 IF 下行开始的程序块；IF …，CALL 子程序，当条件成立时，则执行子程序 PRG 代码内容后再顺序往下执行；条件不成立时，则执行 IF 下行开始的程序内容，忽略调用的子程序。操作步骤如下。

① 选中需要添加 IF 指令行的上一行。

② 选择指令→条件指令→IF。

③ 点击修改框上方的符号按钮，可以快速增加条件；点击选项，可以增加、删除、修改条件，在记录该语句时会按照添加顺序依次连接条件列表。

④ 点击操作栏中的确定按钮，添加 IF 指令完成，IF 指令如图 6-2 所示。

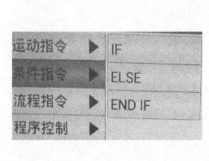 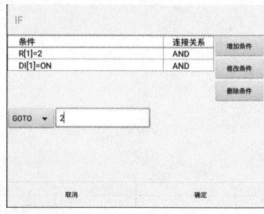

图 6-2　IF 指令

程序示例

LBL[1]

IF R[1]=1，GOTO LBL[2]

```
J P[1]VEL=50
GOTO LBL[3]
LBL[2]
IF R[1]=2,CALL"TEST. PRG"
J P[2]VEL=50
LBL[3]
GOTO LBL[1]
```

笔 记

实施评价 <<<<

项目	工业机器人喷涂				
学习任务	指令应用			完成时间	
任务完成人	学习小组		组长	成员	

1. 利用条件指令编写程序,并实现具体任务,程序体写到下面。

2. 在程序的编写和运行中出现的问题,该如何解决?

分析评价	知识的理解(30%)	任务的实施(30%)	学习态度(纪律、出勤、卫生、安全意识、积极性、任务单的学习情况等)(30%)	团队精神(责任心、竞争、比学赶帮等)(10%)	考核总成绩(知识+技能+态度+团队/任务内容项)
考核成绩					

笔 记

任务 6.3　工业机器人喷涂编程

任务描述

本次任务利用华数机器人对工件进行喷漆。机器人的作用是控制喷枪，使其在喷漆过程中与喷漆表面保持正确的角度和恒定的距离，最终使产品表面光洁、涂层厚度均匀。

知识准备

为开展学习做好设备准备，工业机器人在编程示教前要进行气、电检查。设备通电前需检查设备接线，从主进线到每个模块的连接插头，是否都安装到位，检查气路是否接好，操作步骤如下。

步骤 1：检查考核设备的电源连接插头是否正确如图 6-3 所示；

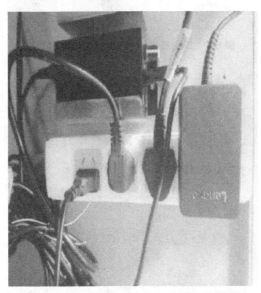

图 6-3　工业机器喷涂前的电路接线检查

步骤 2：检查设备的气路连接是否紧固如图 6-4 所示；

步骤 3：检查设备是否恢复初始位置如图 6-5 所示；

步骤 4：完成训练后需将机器人末端工具归还至对应的工具放置架，手动操作将机器人返回初始位置。用完设备后应关闭电源和气泵，设备电源需先关闭。

设备电源开关，后断开插线板。

6.3.1　喷涂工艺分析

随着工业自动化水平的提高，工业机器人的应用也越来越广泛。喷涂机器人作为工业机器人的一个应用领域，主要包括汽车行业、3C 行业、家具行业及卫浴行业等。其中汽车表面的喷漆效果对其质量有很大的影响，产品表面的色泽和光洁度取决于涂层厚度。涂层过厚的地方在使用过程中有皲裂的倾向，如果表面的涂层厚度能保持一致，那么产品表面就不会因为溶剂的凸起引起不光洁。因此，对于汽车等大型工业产品的生产，合理选择工艺

笔记

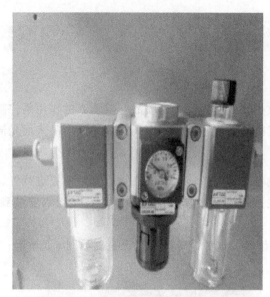

图 6-4　工业机器喷涂前的气路连接检查

图 6-5　工业机器喷涂前初始位置检测

参数，规划喷漆轨迹，可以保证漆膜厚度的均匀性，从而节约生产成本，提高生产效率。

机器人喷涂的表面类型大致分为以下几种：水平面、竖直侧表面、曲面。各个表面喷涂时对喷枪的姿态要求各不相同。

① 在喷涂工件顶面等水平面时，喷枪垂直于喷涂表面或者向机器人方向倾斜 0°～10°（防止喷到机器人或者工作人员）。喷涂两遍，第一遍喷距约为 25cm，第二遍喷距约为 35cm。

② 在喷涂工件侧面等竖直表面时，喷枪垂直于喷涂表面。喷涂两遍，第一遍喷距约为 30cm，第二遍喷距约为 40cm。

笔记

③ 在喷涂工件内侧斜面等复杂曲面时，喷枪垂直于喷涂表面。喷涂两遍，第一遍喷距约为 30cm，第二遍喷距约为 40cm。

6.3.2 运动规划及示教前的准备

(1) 任务规划

工件为柱形，将柱面平均三等分，机器人分三次分别对三个面进行喷漆。喷漆的动作可分解成为"喷漆""工件转位""再喷漆""再转位""再喷漆"一系列子任务，还可以进一步分解为"把喷枪靠近工件""移动吸盘贴近工件""打开喷枪喷漆工作""沿工件移动喷枪"等一系列动作，如图 6-6 所示。

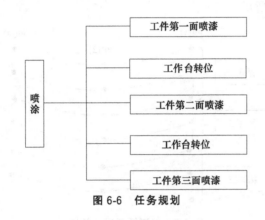

图 6-6 任务规划

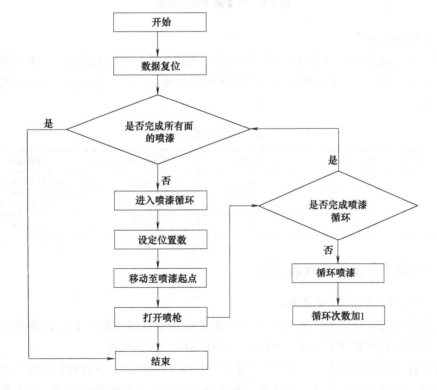

图 6-7 喷漆动作循环规划

（2）动作循环规划

喷漆作业时机器人对工件各面的喷漆运动轨迹相同，所以只需要编写一个表面的喷漆运动程序即可，通过条件判断控制工作台转位进行换面。可设定一个转位计数标志，当工件一面喷漆完成后，工作台转位，同时计数标志加 1，机器人回到原点开始喷另一面。当计满三次时，表明喷漆完成，输出喷漆结束信号。喷漆动作循环规划如图 6-7 所示。

（3）路径规划

在单面喷漆作业过程中，喷枪沿着工件表面以圆弧轨迹移动到工件右侧，然后向下移动固定距离，再沿着工件表面以相同的圆弧轨迹移动到工件左侧，再向下移动固定距离，然后在以相同的圆弧轨迹移动到工件右侧。这样循环往复运动，完成整个喷漆过程。喷漆循环运动轨迹如图 6-8 所示。

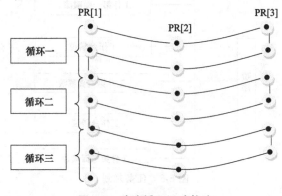

图 6-8　喷漆循环运动轨迹

（4）示教前的准备

本任务需通过外部 I/O 信号启动机器人喷漆工作，第一面喷漆完成后，需要通过 I/O 信号控制工作台转位。此外，喷枪的打开与关闭也需通过 I/O 信号控制。I/O 配置说明如表 6-1 所示。

表 6-1　I/O 配置说明

1	PLC 地址	状态	符号说明	控制指令
2	Y	NC	打开喷枪	DO[1]＝ON/OFF
3	Y	NC	工作台转位	DD[2]＝ON
4	X	NC	工作台到位	DI[1]＝ON

6.3.3　喷枪工具坐标系六点标定

喷枪工具坐标系如图 6-9 所示。

本次任务使用喷枪作为喷漆工具，TCP 点设定在喷枪的末端中心点，相对于默认工具 0 的工具坐标方向发生了改变，所以需要设定新的工具坐标系。

工具坐标系设定方法有"三点法""四点法"和"六点法"，下面我们学习工具坐标系六点法标定。在机器人工作范围内找到一个非常精确的固定点作为参考点，在工具上确定一个参考点（最好是工具的中心点），与四点法类似，去移动工具上的参考点，6 种不同的机器人姿态尽可能与固定点刚好碰上。第 4 点是工具的参考点垂直于固定点，第 5 个点和第 6 个点分别用来记录工具 z 轴上的点和 zx 平面上的点。

六点法可以将工具的姿态给标定出来，记录点位。工具坐标系标定界面如图 6-10 所示。

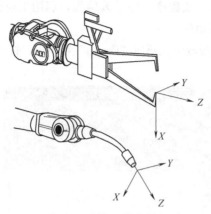

图 6-9 喷枪工具坐标系

图 6-10 工具坐标系标定界面

6.3.4 喷涂示教编程

(1) 程序中使用寄存器变量

程序中使用的变量说明如表 6-2 所示。

表 6-2 程序中使用的变量说明

序号	变量名	变量说明
1	R[1]	转位计数
2	R[2]	喷漆循环计数
3	R[3]	转位次数
4	R[4]	喷漆循环次数

(2) 喷漆示教编程

为实现喷涂的任务,在完成任务规划、动作规划、路径规划后,确定工作区域,开始对机器人喷涂进行示教编程。为了使机器人能够进行再现,就必须用机器人的编程命令,将机器人的运动轨迹和动作编成程序,即示教编程,利用工业机器人的手动控制功能完成绘图动作,并记录机器人的动作。

① 新建程序。按照绘喷漆教编程新建"PenTu"程序后,打开程序,见图 6-11 和图 6-12。

图 6-11 新建程序

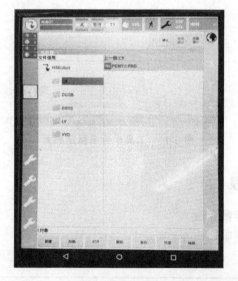

图 6-12 打开程序

② 编辑程序。如图 6-13 所示程序调入编辑器界面开始编辑程序。编辑时同样可以对程序指定行进行插入指令、更改,对程序进行备注、说明,以及保存、复制、粘贴等。对一个正在运行的程序无法进行编辑,在外部模式下可以对程序进行编辑。编辑步骤如下。

步骤1：选中"（write your code here）"行，点击"指令"按钮，如图6-13所示；

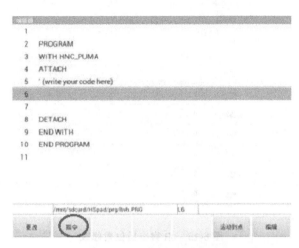

图6-13　程序调入编辑器

步骤2：输入寄存器指令IR，点击IR选项，显示IR变量，选中某一个具体变量后，通过点击修改按钮来修改IR寄存器。

（3）示教取点

编程运行前先对点位进行示教，JR、LR作为全局变量，用于存放位置信息。机器人控制系统支持100个，寄存器号从1开始编写，+100、−100表示前后翻页，每页100个，支持对指定的坐标类型、组合坐标值设置修改。操作步骤如下。

① 选择主菜单显示->变量列表。将显示相关变量列表，如图6-14、图6-15所示。

序号	说明	名称	值	
0		JR[1]	{0,0,0,0,0,0}	增加
1		JR[2]	{0,0,0,0,0,0}	
2		JR[3]	{0,0,0,0,0,0}	删除
3	ffg	JR[4]	{0,0,0,0,0,0}	
4		JR[5]	{0,0,0,0,0,0}	修改
5		JR[6]	{0,0,0,0,0,0}	
6		JR[7]	{0,0,0,0,0,0}	刷新
7		JR[8]	{0,0,0,0,0,0}	
EXTP	REF	TOOL	BASE	IR	DR	JR	LR	用户变	保存

图6-14　JR寄存器变量显示

② 点击不同变量列表，则会显示相关变量。

③ 通过右边的功能按钮可以做增加、删除、修改、刷新、保存等功能。

④ 所有修改的操作必须点击保存后才能保存。

编程中所需示教的点位见表6-3。

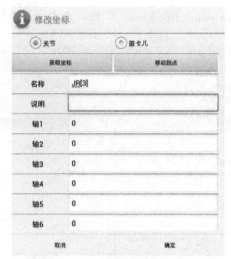

图 6-15　JR 寄存器位置修改

表 6-3　编程示教点

序号	示教点	示教点说明	序号	示教点	示教点说明
1	JR[1]	参考原点	6	LR[11]	喷漆循环位置变量
2	JR[2]	过渡点	7	LR[12]	喷漆循环位置变量
3	LR[1]	喷漆轨迹起点 1	8	LR[13]	喷漆循环位置变量
4	LR[2]	喷漆轨迹中点 2	9	LR[4]	喷枪 Z 方向每次移动距离
5	JR[3]	喷漆轨迹终点 3			

(4) 示例程序

轨迹规划示例程序见表 6-4。

表 6-4　轨迹规划示例程序

程序	程序注释
R[1]=1	初始化转位计数数据
R[2]=1	初始化喷漆循环计数数据
R[3]=3	转位次数
R[4]=3	喷漆循环次数
LABEL1	标签 1
IF R[1]＞R[3]GOTO LABEL4	转位次数超过设定值跳转到标签 4
J JR[1]	参考原点
J JR[2]	喷涂过渡点
L LR[5]	喷枪离开工件表面
LR[11]= LR[1]	位置数据交换
LR[12]= LR[2]	位置数据交换
LR[13]= LR[3]	位置数据交换
L LR[11]	移动到位置点 1
DO[1]=ON	打开喷枪

笔 记

程序	程序注释
DEALY 500	延时 0.5s
LABEL2	标签 2
IF R[2]＞R[4]GOTO LABEL3	喷漆循环次数超过 3 跳转到标签 3
L LR[13]	
C CIRCLEPOINT＝LR[12] TARGETPOINT＝LR[13]	圆弧轨迹从点 1 经过点 2 移动到点 3
LR[11]＝LR[11]＋LR[4]	1、2、3 点轨迹向下偏移
LR[12]＝LR[12]＋LR[4]	
LR[13]＝LR[13]＋LR[4]	
L LR[13]	沿直线向下移动
C CIRCLEPOINT＝LR[12] TARGETPOINT＝LR[11]	沿圆弧轨迹从点 3 经过点 2 移动到点 1
LR[11]＝LR[11]＋LR[4]	1、2、3 点轨迹向下偏移
LR[12]＝LR[12]＋LR[4]	
LR[13]＝LR[13]＋LR[4]	
L LR[11]	沿直线向下移动
R[2]＝R[2]+1	喷漆循环次数加 1
GOTO LABEL2	跳转到标签 2
LABEL3	标签 3
DO[1]＝OFF	关闭喷枪
DEALY 500	延时 0.5s
L LR[5]	喷枪离开工件表面
DEALY 500	延时 0.5s
DO[2]＝ON	通知工作台转位
DEALY 500	延时 0.5s
R[2]＝1	喷漆循环次数复位
DI[1]＝ON	工作台转位
DEALY 500	延时 0.5s
R[1]＝R[1]+1	转位次数加 1
GOTO LABEL1	跳转到标签 1
LABEL4	标签 4
J JR[2]	过渡点
J JR[1]	回参考原点
END	程序结束

笔记

(5) 保存、检查程序

在编辑完成后必须进行保存才能进行加载，在程序加载后不能对程序进行更改。

在程序编写完成后，首次运行程序前应先进行检查，以保证程序的正常运行。程序的编写和运行难以避免地会遇到错误，若程序有语法错误，则提示报警、出错程序及出错行号，若无错误，则检查完成。

6.3.5 程序调试与运行

程序的编写完检查无误后要进行调试运行，运行时难免地还会遇到错误，常见的错误有语法错误、程序控制逻辑错误、目标点达不到、加速度超限等运行错误等。为保证程序能安全正常运行，系统有序地测试程序就显得尤为重要，具体测试步骤如图 6-16 所示。

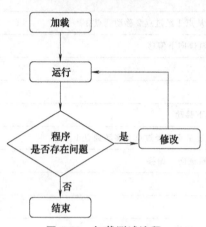

图 6-16 加载测试流程

（1）加载、启动绘图程序

① 加载程序　示教器在手动 T1、T2 或自动模式下均可选择程序并加载。操作步骤如下。

步骤 1：在导航器中选定程序"PenTu"并按加载。

步骤 2：编辑器中将显示该程序，编辑器中始终显示相应的打开文件，同时会显示运行光标。

步骤 3：取消加载程序。注：选择编辑->取消加载程序或者直接按下取消加载。如果程序正在运行，则在取消程序选择前必须将程序停止。

② 手动调试程序　本系统的程序运行主要有连续和单步两种方式，在手动调试程序过程中建议选择单步运行方式，如图 6-17 所示。

图 6-17 单步程序运行模式的选择

（2）程序在运行中的注意事项

① 手动加载可单步运行，自动加载只能连续运行。

② 修改程序前必须先取消加载，停止运行程序。程序自动运行速度建议低于 75%，防止发生碰撞。

③ 调试运行过程中保持随时准备按下急停按钮的姿势。

④ 时刻保持与机器人的安全距离。

实施评价 <<<

项目	工业机器人喷涂					
学习任务	工业机器人喷涂编程				完成时间	
任务完成人	学习小组		组长		成员	

1. 本任务利用工业机器人为花盆喷色,如图 6-18 所示,要求编写程序并能够正确运行。

图 6-18　机器人喷涂花盆

2. 喷涂编程中出现的问题及解决方法。

分析评价	知识的理解 (30%)	任务的实施 (30%)	学习态度(纪律、出勤、卫生、安全意识、积极性、任务的学习情况等)(30%)	团队精神(责任心、竞争、比学赶帮超等)(10%)	考核总成绩(知识+技能+态度+团队/任务内容项)
考核成绩					

笔 记

理论习题 <<<

一、选择题

1. 当代机器人大军中最主要的机器人为（   ）。

A. 工业机器人   B. 军用机器人   C. 服务机器人   D. 特种机器人

2. 投入电源时，需要确认机器人的（   ）内无作业人员。

A. 动作范围   B. 工作前部区域   C. 末端运动范围   D. 程序运行范围

3. 当我们想要切换机器人运行模式时，我们可以通过（   ）进行设置。

A. 辅助按钮   B. 主菜单按键   C. 钥匙开关   D. 急停按键

4. 机器人手臂或手部安装点所能达到的所有空间区域称为（   ）。

A. 自由度   B. 灵活空间   C. 最大空间   D. 最小空间

5. 以下不属于寄存器指令的是（   ）。

A. JR   B. LR   C. IF   D. IR

二、判断题

1. 机器人示教器手动操纵时，可以有多种方式实现切换。（   ）

2. 机器人常用驱动方式主要是液压驱动、气压驱动和电气驱动三种基本类型。（   ）

3. 在机器人的自动操作期间，允许人员进入其工作区域。（   ）

4. 机器人调试人员进入机器人工作区域范围内时需佩戴安全帽。（   ）

5. 机器人调试人员操作机器人示教器时不许戴手套。（   ）

笔 记

项目 **7**

工业机器人上下料

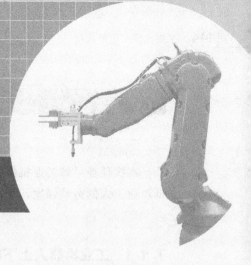

项目导读

本项目利用华数工业机器人从料仓拾取工件,将其搬运到数控车床上,同时将已经加工完的工件取下放置到传送带上,以便下一工序进行处理。

知识目标:

1. 掌握机器人位置记录的方法和意义;
2. 熟悉机器人、机床、料仓的交互信号。

技能目标:

1. 能够建立适当的工具坐标系和工件坐标系;
2. 能够熟练编写数控车床加工程序;
3. 能够编写上下料运动程序。

素养目标:

1. 培养学生规范操作的能力;
2. 培养学生具备团结协作的精神;
3. 培养学生沟通交流的能力。

笔 记

知识结构

```
                                    ┌─ 工业机器人上下料应用
                        ┌─ 上下料认知 ─┤
                        │             └─ 上下料点位示教
工业机器人               │
上下料      ─────────────┤             ┌─ 上下料的工艺分析
                        │             ├─ 上下料运动规划及示教前的准备
                        └─ 上下料编程 ─┤─ 上下料的示教编程
                                      ├─ 程序调试与运行
                                      └─ 机床上下料程序示例
```

任务 7.1 上下料认知

任务描述

本次任务了解工业机器人在金属加工等行业的广泛应用，采用机器人搬运可以大大降低产业工人的劳动强度，提高劳动强度。

知识准备

7.1.1 工业机器人上下料应用

工业机器人是面向工业领域的多轴机械手，能自动执行工作任务。上下料机器人能满足"快速、大批量加工节拍""节省人力成本""提高生产效率的要求"，成为众多企业的理想选择。工业机器人上下料主要应用在机床方面，主要实现机床制造过程的完全自动化，采用集成加工技术，可以实现对各种工件的自动上下料、自动翻转等工作。上下料机器人系统具有高效率和高稳定性，结构简单更易于维护，可以满足不同种类产品的生产，对用户来说，可以很快进行产品结构的调整和扩大产能，并且可以大大降低产业工人的劳动强度。

随着人工成本的日益增加，自动上下料生产线的应用也越来越广泛，上下料工业机器人的选型一般根据自动生产线加工产品与设备布局来选用，末端执行器可以针对产品进行相应的开发，在机械制造业、军事行业、航空航天业和食品药品生产等行业都可以得到应用。目前，最广泛的还是机械制造行业中与数控机床的组合应用。

(1) 工业机器人与数控机床的组合应用

工业机器人上下料技术和数控机床加工技术组合应用中机器人通信模块选用 I/O 通信模式，建立有效的通信关系，确保 PLC 处理器能优化连接输入、输出信号，形成良好的合作关系。这里的数控机床包括数控车床、数控铣床和加工中心。工业机器人搭配数控机床进行上下料主要流程步骤如下。

① 人工将毛坯材料摆放到料仓上料位置；

② 工业机器人等待机床准备就绪信号；

③ 工业机器人抓取毛坯件放入机床工作台，自动装夹锁紧；

④ 工业机器人退出，机床门自动关闭，机床主轴启动加工；

⑤ 工业机器人等待加工完毕信号，机床门自动打开；

⑥ 工业机器人进入机床将已加工完工件取下送回料仓；

⑦ 工业机器人重复以上动作。

(2) 工业机器人与料仓的组合应用

工业机器人与料仓的组合应用一般是料仓辅助工业机器人自动抓取工件。料仓主体由设置在料仓内部的传输器和伺服电机，以及料仓顶端的红外传感器，实物结构如图 7-1 所示。工作原理：首先连接机器人与料仓的通信，使料仓与机器人进入工作状态，通过红外传感器判断料仓上料位是否有料，若料盘为空则传输器自动旋转到上料盘有料的位置停止，此时工业机器人接收到料仓准备就绪的信号开始抓取毛坯，同理，机器人把已加工完的工件送回料仓时，料仓卸料盘上传感器判断已有料则发错报警不能继续卸料。

图 7-1　料仓实物图

7.1.2　上下料点位示教

机器人上下料需要注意示教点位的设计，编程运行前先对点位进行示教。记录全局变量 JR、LR，编程时直接调用。

(1) 数控车床示教点位设计

机器人向车床运动时预先要设置车床过渡点（LR [ ]），过渡点个数根据实际位置需要设计，为了安全，进入车床前要在车床门口设置车床门口过渡点（LR [ ]）。由于机器人末端执行器两气爪分别起着上料和卸料不同功用，每次进入车床前气爪要旋转 90° 以调整上料还是卸料，因此，气爪旋转需要设计一个固定点（LR [ ]）。机器人给车床卡盘上料或卸料时需要设计目标点（LR [ ]），以及目标点右侧的安全点（LR [ ]）。

(2) 数控铣床示教点位设计

数控铣床示教点位设计可以借鉴数控车床的示教点位设计，不同的是车床的夹具是卡盘，主要用于加工回转件，床内安全点设置在目标点右侧，而铣床夹具主要用于加工零件上的平面、凹槽、花键及各种成型面，夹具水平放置，床内安全点设置在目标点正上方。

(3) 料仓示教点位设计

料仓实物结构如图 7-1 所示，分上料位和卸料位两个位置，分别在两个传感器下端。

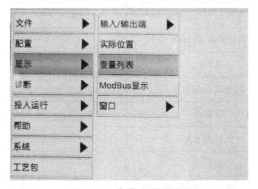

图 7-2　变量设置界面

机器人在取料时保证上料位有料，当上料盘顶置被感应到料盘为空，料仓将自动转动，直到转到上料盘顶置后感应到有料方可停止，等待机器人取料。但卸料位必须为空，否则报警。注意在运行前调试料仓手动运行正常后再打到自动挡位。

机器人抓取毛坯件时应在上料位取料点和卸料位放料点分别记录位置（LR [ ]），同时，为了安全，一般在取料点和放料点的正上方分别记录上方点（LR [ ]）。

示教点变量 JR、LR 的设定如图 7-2、图 7-3、图 7-4 所示。

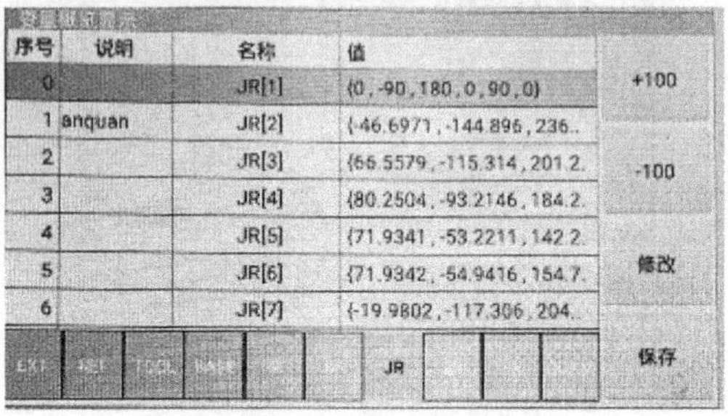

图 7-3　变量 JR 设置界面

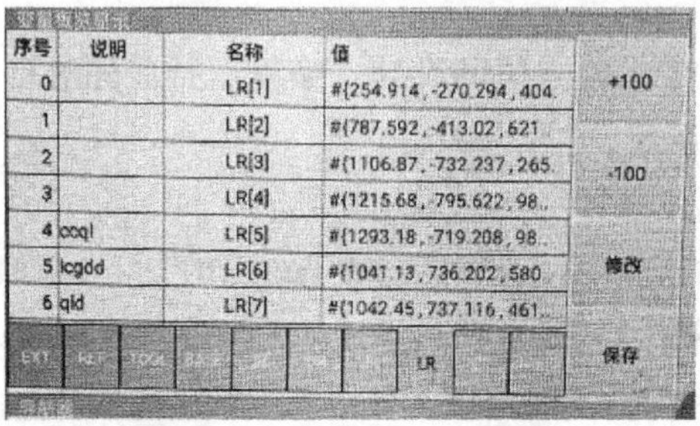

图 7-4　变量 LR 设置界面

(4) 机器人上下料所有点位示教取点

见表 7-1。

表 7-1　机器人上下料点位示教

点位	注释	点位	注释
LR1	一号机床过渡点	JR1	机器人参考原点
LR2	夹爪旋转 90°	JR2	一号机床安全位
LR3	车床门口过渡点	JR3	二号机床安全位
LR4	目标点右 150mm		
LR5	目标点		
LR6	料仓取料点上方		
LR7	取料点		
LR8	放料点上方		
LR9	放料点		
LR10	料仓过渡点		

实施评价 ‹‹‹

项目	工业机器人上下料				
学习任务	上下料认知			完成时间	
任务完成人	学习小组		组长		成员

1. 说明示教点位的选择。

2. 分析数控加工工艺。

分析评价	知识的理解 (30%)	任务的实施 (30%)	学习态度(纪律、出勤、卫生、安全意识、积极性、任务的学习情况等)(30%)	团队精神(责任心、竞争、比学赶帮超等)(10%)	考核总成绩(知识＋技能＋态度＋团队/任务内容项)
考核成绩					

笔　记

任务 7.2　工业机器人上下料编程

任务描述

　　本次任务是操作一套数控加工单元的运行。这套数控加工单元主要由一台数控车床、一台工业机器人、一台料仓（包括上料位和卸料位）、两套气动夹具组成，结构如图 7-5 所示，利用 HSR-JR 603 工业机器人从料仓拾取工件，搬运至数控车床上，再把加工完的工件取下送回卸料仓。

图 7-5　数控加工单元结构

知识准备

7.2.1　数控车床及编程指令的使用

（1）数控车床

　　本任务所用宝鸡机床 CK7520A，如图 7-6 所示。该系列机床采用高强度铸铁铸造、床身底座整体式结构、倾斜导轨，高精密通孔式主轴结构、抗振性设计以及广域型交流主轴电机，主轴轴承及进给丝杠轴承等关键部件均采用世界名牌产品，配备多工位转塔刀架，可连续分度，就近换刀，转位精度高，分度速度快。

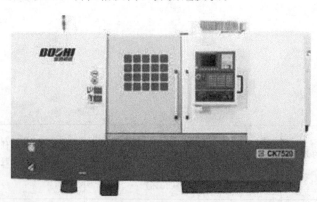

图 7-6　数控车床

(2) 数控车床编程

① 数控车床编程 M 代码如表 7-2 所示。

表 7-2　车床 M 代码说明

名称	定义	代码	备注
车床卡盘	松	M69	
	紧	M68	
车床门	开	M52	允许取放料
	关	M53	
车床尾座	紧	M78	
	松	M79	
主轴定向	定向	M19	
	取消定向	M20	
放料完成		M84	

② 数控车床加工程序。本任务用数控车床车零件外圆和内槽，所用刀具选择一把外圆刀和一把切槽刀。参考程序如表 7-3 所示。

表 7-3　车床加工程序

主程序	程序注释
%1234	
M52	允许取料，车床门开
M84	放料完成
M53	车床门关
G4 X0.5	进给暂停 0.5s
M98 P0001	调用子程序
M05	主轴停止转动
G4 X0.5	进给暂停 0.5s
M99	子程序结束

子程序	程序注释
%1234	
T0202	换刀指令
M04 S950	主轴反转　转速 900r/min
G0 X92 Z5	该指令使刀具按照点控制方式快速移动到指定位置
G01 Z0 F100	直线进给 z 轴移动到 0 切削速度 100mm/min
Z−0.1	直线进给 z 轴到−0.1
X48	直线进给 x 轴到 48
G0 Z1	快速定位 z 轴到 1
X125	快速定位 x 轴到 125
Z-15	快速定位 z 轴到−15
G01 X90 F120	直线进给 x 轴到 90 切削速度 120mm/min
Z2	直线进给 z 轴到 2
G01 X87.5	直线进给 x 轴到 87.5
X89.5 Z-1	直线进给 x 轴到 89.5，z 轴到−1
Z-15	直线进给 z 轴到−15
X118	直线进给 x 轴到 118

笔 记

续表

子程序	程序注释
X120 Z-16	直线进给 x 轴到 120,z 轴到 −16
G0 Z150	快速定位 z 轴到 150
M05	主轴停止
T0101	换刀指令,1 号刀
M04 S500	主轴反转,转度 500r/min
G0 X95	快速定位 x 轴到 95
Z5	快速定位 z 轴到 5
Z-5	快速定位 z 轴到 −5
G01 X88 F30	直线进给 x 轴到 88,进给速度 30mm/min
X92	直线进给 x 轴到 92
Z-12	直线进给 z 轴到 −12
X88	直线进给 x 轴到 88
X95 F150	直线进给 x 轴到 95,进给速度 150mm/min
G0 X250	快速定位 x 轴到 250
Z350	z 轴到 350
M99	子程序结束

7.2.2 上下料的工艺分析

在料仓、数控车床和工业机器人组成的机器人上料加工单元里，料仓、数控车床和机器人分别在各自的控制系统下工作，因此它们之间的协调工作就成了一个重要的问题。要保证机器人在数控车床加工时准确无误及时地上下料，则上下料的工艺分析需要以下四步。

① 数控车床加工工艺分析。遵循车削加工工艺原则，认真分析零件图纸->确定工件的装夹方式->选择合适的刀具、夹具和切削用量。

② 实现数控车床与机器人、料仓与机器人的通信，详见表 7-4。

③ 设计合适的机器人末端工具（手抓）。

④ 规划机器人上下料的运动轨迹，设计流程图及编写运动程序。

7.2.3 上下料运动规划及示教前的准备

(1) 上下料运动规划

上下料运动规划包括任务规划、动作规划和路径规划。

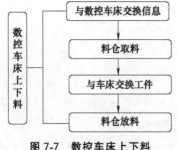

图 7-7 数控车床上下料
工作任务流程图

① 任务规划。机器人上下料的运动可分解成为"与数控车床交换信息""抓取工件""与数控车床交换工件""放置工件"等一系列子任务，如图 7-7 所示。

② 动作规划。机器人上下料的运动可以进一步分解为"等待料仓控制信号""移到夹具至工件上方""打开夹具""抓取工件""等待机床控制信号""移动工件到数控车床""交换工件""已加工件送回料仓"等一系列动作。通过主程序调用相应的程序实现整个运动过程的控制，机器人上下料逻辑流程图如图 7-8 所示。

③ 路径规划。料仓抓取工件时示教第一点，送回料仓工件时可以进行位置偏移，从

而获得其余点的位置数据,这样可以减少示教点数,简化示教过程。上下料路径规划如图 7-9 所示。

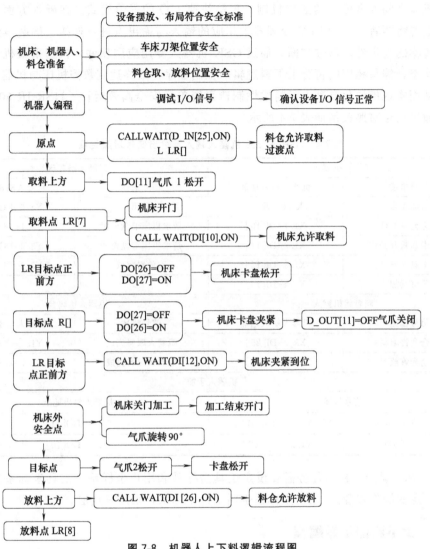

图 7-8 机器人上下料逻辑流程图

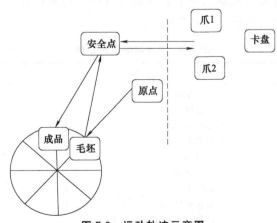

图 7-9 运动轨迹示意图

(2) 上下料示教器前的准备

① I/O配置表。为了更好地协调机器人与料仓、数控车床的工作，要建立机器人和料仓、机床之间安全可靠的通信机制。采用快速I/O的通信模式。在硬件方面，通过屏蔽信号电缆将两者之间的PLC处理器中相应的输入与输出点进行连接，屏蔽电缆可以保证信号传输的稳定性。软件方面，通过GSK机器人专用应用软件，根据采集机床和机器人当前状态，编写相应的符合上下料逻辑的控制程序，最终达到数控机床与机器人的有效通信，从而实现模块化自动上下料柔性制造系统单元安全高效运行。HSR-JR 603机器人输入及输出信号对照关系如表7-4所示。

表7-4　HSR-JR 603机器人输入及输出信号对照关系

车床给机器人		机器人给车床	
信号描述	机器人输入地址	信号描述	机器人输出地址
机床正常	X1.0--DI[9]	备用	Y3.0--DO[25]
机床允许取件	X1.1--DI[10]	请求机床卡盘卡紧	Y3.1--DO[26]
机床卡盘松开到位	X1.2--DI[11]	请求机床卡盘松开	Y3.2--DO[27]
机床卡盘夹紧到位	X1.3--DI[12]	取放料完成	Y3.3--DO[28]
机床继续加工	X1.4--DI[13]		
料仓给机器人		机器人给料仓	
信号描述	机器人输入地址	信号描述	机器人输出地址
料仓允许取料	X3.0--DI[25]	机器人取料完成	Y1.6--DO[15]
料仓允许放料	X3.1--DI[26]	机器人放料完成	Y1.7--DO[16]
机器人手抓			
信号描述		机器人输出地址	
气缸1加紧/松开	Y1.1=ON/OFF	Y1.1--DO[11]	
气缸2加紧/松开	Y1.2=ON/OFF	Y1.2--DO[10]	

② 坐标系设定。根据任务需要设定工具坐标系和用户坐标系。工具坐标系采用四点法（同六点法操作步骤），用户坐标系也叫工件坐标系，采用三点法。

7.2.4　上下料的示教编程

根据运行轨迹示意图及机器人上下料逻辑流程图，编制相对应的机器上下料控制程序，机床上下料迹规划示例程序见表7-5。

表7-5　轨迹规划示例程序

主程序	程序注释	轨迹图示
JR[1]	参考原点	
CALL LCQL	料仓取料	
DELAY ROBOT 1000	延时1s	
CALL JCSL	机床上料	
DELAY ROBOT 1000	延时1s	
CALL JCQL	机床取料	
DELAY ROBOT 1000	延时1s	
CALL LCFL	料仓放料	
DELAY ROBOT 1000	延时1s	

笔记

续表

子程序料仓取料	程序注释	轨迹图示
LCQL (WRITE YOUR CODE HERE) CALL WAIT(D_IN[25],ON) DELAY ROBOT 1000 LR[10] LR[6] LR[7] VTRAN＝150 DELAY ROBOT 1000 D_OUT[11]＝ON DELAY ROBOT 1000 LR[6] VTRAN＝150 LR[10] CALL PULSE(15,1000)	 料仓允许取料 延时 1s 料仓过渡点 料仓取料点上方 取料点 延时 1s 打开气缸 延时 1s 抬高到料仓取料点上方 料仓过渡点 取料完成	

子程序机床上料	程序注释	轨迹图示
JCSL (WRITE YOUR CODE HERE) CALL WAIT(DI[10],ON) L LR[1] L LR[2] L LR[3] L LR[4] DO[26]＝OFF DELAY ROBOT 100 DO[27]＝ON DELAY ROBOT 100 CALL WAIT(DI[11],ON) l LR[5] VTRAN＝100 DELAY ROBOT 1000 DO[27]＝OFF DO[26]＝ON DELAY ROBOT 100 CALL WAIT(DI[12],ON) DO[11]＝OFF DELAY ROBOT 1000 L LR[4] VTRAN＝100 L LR[3] L LR[2] L LR[1] DELAY ROBOT 1000 CALL PULSE(28,2000)	 车床过渡点 夹爪旋转90° 车床门口过渡点 目标点右150mm 卡盘卡紧关闭 延时 1s 卡盘松开打开 延时 1s 卡盘松开到位 目标点 延时 1s 卡盘松开关闭 卡盘卡紧打开 延时 1s 卡盘夹紧到位 气爪关闭 延时 1s 目标点右150mm 车床门口过渡点 夹爪旋转90° 车床过渡点 延时 1s 上料完毕,机床关门	

笔记

子程序机床取料	程序注释	轨迹图示
JCQL		
(WRITE YOUR CODE HERE)		
J JR[2]	机床安全位置	
CALL WAIT(DI[10],ON)	机床允许取料	
L LR[1]	机床过渡点	
L LR[2]	夹爪旋转 90°	
L LR[3]	机床门口过渡点	
L LR[4]	目标点前方	
LLR[5] VTRAN=100	目标点	
DELAY ROBOT 1000	延时 1s	
DO[11]=ON	气爪夹紧	
DO[26]=OFF	卡盘夹紧关闭	
DELAY ROBOT 2000	延时 2s	
DO[27]=ON	卡盘松开打开	
DELAY ROBOT 1000	延时 1s	
CALL WAIT(DI[11],ON)	机床卡盘松开到位	
DELAY ROBOT 2000	延时 2s	
L LR[4] VTRAN=100	目标点前方	
DO[27]=OFF	卡盘松开关闭	
L LR[3]	机床门口过渡点	
L LR[2]	夹爪旋转 90°	
L LR[1]	机床过渡点	

子程序料仓放料	程序注释	轨迹图示
LCFL		
(WRITE YOUR CODE HERE)		
CALL WAIT(DI[26],ON)	料仓允许放料	
L LR[10]	过渡点	
L LR[8]	放料点上方	
L LR[9] VTRAN=150	放料点	
DELAY ROBOT 1000	延时 1s	
DO[11]=OFF	气爪 2 松开	
DELAY ROBOT 1000	延时 1s	
L LR[8] VTRAN=150	放料点上方	
L LR[10]	过渡点	
CALL PULSE(16,1000)	放料完成	
J JR[2]	夹爪旋转 90°	

笔 记

　　程序编写完成后必须进行保存才能进行加载，首次运行程序前应先进行检查，以保证程序的正常运行。程序的编写和运行难以避免地会遇到错误，若程序有语法错误，则提示报警、出错程序及出错行号，若无错误，则检查完成。

　　程序编写完应检查语法错误，控制逻辑错误，无误后再进行调试运行，由于上下料程序示教点多，交互信号也多，难免地还会遇到目标点达不到、加速度超限、接收不到信号等错误。为保证程序能安全正常运行，调试运行建议单步执行。

7.2.5 机床上下料程序示例

两台数控车床、两个料仓协同一台机器人的上下料工作。机器人从1号料仓取料送到1号车床加工，从2号料仓取料送到2号车床加工，待1号车床加工完毕后取件送回1号料仓的卸料位置，同样，待2号车床加工结束机器人从2号车床取件送回2号料仓，如此循环批量加工，编写程序并运行。车床、机器人、料仓的布局如图7-10所示。

① 机器人、两台数控机床、两套料仓的信号交互如表7-6所示。

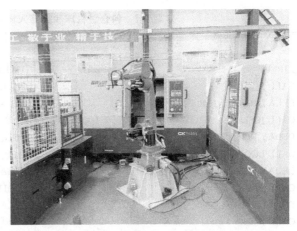

图 7-10 车床、机器人、料仓的实物布局图

表 7-6 上下料信号交互表

一号机床给机器人		机器人给一号机床	
信号描述	机器人地址	信号描述	机器人地址
机床正常	X1.0—DI[9]	备用	Y3.0—DO[25]
机床允许取件	X1.1—DI[10]	请求机床卡盘卡紧	Y3.1—DO[26]
机床卡盘松开到位	X1.2—DI[11]	请求机床卡盘松开	Y3.2—DO[27]
机床卡盘夹紧到位	X1.3—DI[12]	取放料完成	Y3.3—DO[28]
机床继续加工	X1.4—DI[13]		
二号机床给机器人		机器人给二号机床	
信号描述	机器人地址	信号描述	机器人地址
机床正常	X2.0—DI[17]	放料完成	Y3.4—DO[29]
机床允许取件	X2.1—DI[18]	请求机床卡盘卡紧	Y3.5—DO[30]
机床卡盘松开到位	X2.2—DI[19]	请求机床卡盘松开	Y3.6—DO[31]
机床卡盘夹紧到位	X2.3—DI[20]	取料完成	Y3.7—DO[32]
机床继续加工	X2.4—DI[21]		
一号料仓给机器人		机器人给一号料仓	
信号描述	机器人输入地址	信号描述	机器人输出地址
料仓允许取料	X3.0—DI[25]	机器人取料完成	Y1.6—DO[15]
料仓允许放料	X3.1—DI[26]	机器人放料完成	Y1.7—DO[16]
二号料仓给机器人		机器人给二号料仓	
信号描述	机器人输入地址	信号描述	机器人输出地址
料仓允许取料	X3.5—DI[30]	机器人取料完成	Y1.4—DO[13]
料仓允许放料	X3.6—DI[31]	机器人放料完成	Y1.5—DO[14]
机器人手抓			
信号描述		机器人输出地址	
气缸1加紧/松开		Y1.1—DO[10]	
气缸2加紧/松开		Y1.2—DO[11]	

笔 记

② 根据任务要求，编制料仓、机床、机器人协同上下料的控制程序，参考程序如表 7-7 所示。

表 7-7　料仓、机床和机器人协同上下料参考程序

主程序	1号料仓取料子程序
J JR[1]	'(WRITE YOUR CODE HERE)
CALL LCQL1	CALL WAIT(D_IN[25],ON)
DELAY ROBOT 1000	DELAY ROBOT 1000
CALL JCSL1	L LR[10]
DELAY ROBOT 1000	L LR[6]
CALL LCQL2	L LR[7] VTRAN=150
DELAY ROBOT 1000	DELAY ROBOT 1000
CALL JCSL2	DO[11]=ON
DELAY ROBOT 1000	DELAY ROBOT 1000
CALL JCQL1	L LR[6] VTRAN=150
DELAY ROBOT 1000	L LR[10]
CALL LCFL1	CALL PULSE(15,1000)
DELAY ROBOT 1000	END SUB
CALL JCQL2	
DELAY ROBOT 1000	
CALL LCFL2	

1号机床上料子程序	2号料仓取料子程序
(WRITE YOUR CODE HERE)	(WRITE YOUR CODE HERE)
CALL WAIT(DI[10],ON)	CALL WAIT(DI[30],ON)
L LR[1]	DELAY ROBOT 1000
L LR[2]	L LR[20]
L LR[3]	L LR[16]
L LR[4]	L LR[17] VTRAN=150
DO[26]=OFF	DELAY ROBOT 1000
DELAY ROBOT 100	DO[11]=ON
DO[27]=ON	DELAY ROBOT 1000
DELAY ROBOT 100	L LR[16] VTRAN=150
CALL WAIT(DI[11],ON)	L LR[20]
L LR[5] VTRAN=100	L LR[1]
DELAY ROBOT 1000	CALL PULSE(13,1000)
DO[27]=OFF	L LR[11]
DO[26]=ON	
DELAY ROBOT 100	
CALL WAIT(DI[12],ON)	
DO[11]=OFF	
DELAY ROBOT 1000	
L LR[3]	
L LR[2]	
L LR[1]	
DELAY ROBOT 1000	
CALL PULSE(28,2000)	

2号机床上料子程序	1号机床取料子程序
(WRITE YOUR CODE HERE) CALL WAIT(DI[18],ON) L LR[11] L LR[12] L LR[13] L LR[14] DO[30]＝OFF DELAY ROBOT 100 DO[31]＝ON DELAY ROBOT 100 CALL WAIT(DI[19],ON) L LR[15] VTRAN＝100 DELAY ROBOT 1000 DO[31]＝OFF DELAY ROBOT 1000 DO[30]＝ON DELAY ROBOT 3000 CALL WAIT(D_IN[20],ON) DO[11]＝OFF DELAY ROBOT 1000 L LR[14] VTRAN＝100 L LR[13] L LR[12] L LR[11] DELAY ROBOT 2000 CALL PULSE(32,2000)	(WRITE YOUR CODE HERE) J JR[2] CALL WAIT(DI[10],ON) L LR[1] L LR[2] L LR[3] L LR[4] L LR[5] VTRAN＝100 DELAY ROBOT 1000 DO[11]＝ON DO[26]＝OFF DELAY ROBOT 2000 DO[27]＝ON DELAY ROBOT 100 CALL WAIT(DI[11],ON) DELAY ROBOT 2000 L LR[4] VTRAN＝100 DO[27]＝OFF L LR[3] L LR[2] L LR[1]
1号料仓放料子程序	2号机床取料子程序
(WRITE YOUR CODE HERE) CALL WAIT(DI[26],ON) L LR[10] L LR[8] L LR[9] VTRAN＝150 DELAY ROBOT 1000 DO[11]＝OFF DELAY ROBOT 1000 L LR[8] VTRAN＝150 L LR[10] CALL PULSE(16,1000) J JR[2]	(WRITE YOUR CODE HERE) CALL WAIT(D_IN[18],ON) L LR[11] L LR[12] L LR[13] L LR[14] L LR[15] VTRAN＝100 DELAY ROBOT 1000 DO[11]＝ON DO[30]＝OFF DELAY ROBOT 2000 DO[31]＝ON DELAY ROBOT 2000 CALL WAIT(DI[19],ON) DELAY ROBOT 2000 L LR[14] VTRAN＝100 DO[31]＝OFF L LR[13] L LR[12] L LR[11]

笔 记

续表

2号料仓放料子程序	
(WRITE YOUR CODE HERE) CALL WAIT(DI[31],ON) L LR[10] L LR[20] L LR[18] L LR[19] VTRAN=150 DELAY ROBOT 1000 DO[11]=OFF DELAY ROBOT 1000 L LR[18] VTRAN=150 L LR[20] CALL PULSE(14,1000) J JR[2]	

✎ 笔 记

实施评价 <<<

项目	工业机器人上下料				
学习任务	工业机器人上下料编程			实践时间	
任务完成人	学习小组		组长	成员	

1. 独立完成数控车床编程。

2. 独立完成机器人上下料编程。

分析评价	知识的理解（30％）	任务的实施（30％）	学习态度（纪律、出勤、卫生、安全意识、积极性、任务的学习情况等）（30％）	团队精神（责任心、竞争、比学赶帮超等）（10％）	考核总成绩（知识＋技能＋态度＋团队/任务内容项）
考核成绩					

笔 记

理论习题 <<<

一、选择题

1. 工业机器人的速度单位是（   ）。

A. mm/s   B. km/s   C. cm/s   D. mm/min

2. 工业机器人现场示教时，示教器应（   ）。

A. 专人保管   B. 随身携带

C. 放置在专用支架上   D. 放置在设备上

3. 示教器使能器按钮第一挡按下，机器人电机将处于（   ）。

A. 电动机开启状态   B. 电动机停止状态

C. 电动机保护状态   D. 电动机锁定状态

4. 示教器不具备的功能是（   ）。

A. 手动操纵   B. 自动操纵

C. 程序编写   D. 参数配置

5. 示教器使能按钮是为保证操作人员（   ）而设置的。

A. 舒适   B. 便捷

C. 安全   D. 保密

二、判断题

1. 为了确保安全，用示教编程器手动运行机器人时，机器人的最高速度限制为50mm/s。（   ）

2. 从业人员应接受安全生产教育和培训，掌握本职工作所需的相关知识，提高安全生产意识。（   ）

3. 使用灭火器灭火时应站在上风口，对准火源根部进行喷射。（   ）

4. 机器人轨迹泛指工业机器人在运动过程中所走过的路径。（   ）

5. 完成某一特定作业时有多余自由度的，称为冗余自由度机器人。（   ）

笔 记

参考文献

［1］ 邢美峰．工业机器人操作与编程［M］．北京：电子工业出版社，2016.

［2］ 叶伯生．工业机器人操作与编程［M］．武汉：华中科技大学出版社，2016.

［3］ 胡月霞，卢玉锋，王志彬．工业机器人拆装与调试［M］．北京：中国水利水电出版社，2019.

［4］ 卢玉锋，胡月霞．工业机器人技术应用（ABB）［M］．北京：中国水利水电出版社，2019.

［5］ 陈小艳，郭炳宇，林燕文．工业机器人现场编程（ABB）［M］．北京：高等教育出版社，2018.

［6］ 张春芝，钟柱培，许妍妩．工业机器人操作与编程［M］．北京：高等教育出版社，2018.

［7］ 双元教育．工业机器人现场编程［M］．北京：高等教育出版社，2018.

［8］ 李荣雪．焊接机器人编程与操作［M］．北京：机械工业出版社，2018.

［9］ 叶晖，管小清．工业机器人实操与应用技巧［M］．北京：机械工业出版社，2010.